# 好习惯修炼法则

[日]桦泽紫苑　著

冯莹莹　译

中国科学技术出版社
·北　京·

Original Japanese title: BRAIN MENTAL KYOKA TAIZEN
Copyright © Shion Kabasawa 2020
Original Japanese edition published by Sanctuary Publishing Inc.
Simplified Chinese translation rights arranged with Sanctuary Publishing Inc.
through The English Agency (Japan) Ltd. and Shanghai To-Asia Communication Culture
Co., Ltd.
北京市版权局著作权合同登记　图字：01-2022-4402。

**图书在版编目（CIP）数据**

好习惯修炼法则 /（日）桦泽紫苑著；冯莹莹译
. — 北京：中国科学技术出版社，2023.1
ISBN 978-7-5046-9848-3

Ⅰ.①好… Ⅱ.①桦… ②冯… Ⅲ.①习惯性－能力
培养 Ⅳ.① B842.6

中国版本图书馆 CIP 数据核字（2022）第 201257 号

| 策划编辑 | 申永刚　杨汝娜 | 责任编辑 | 申永刚 |
| 封面设计 | 创研设 | 版式设计 | 蚂蚁设计 |
| 责任校对 | 张晓莉 | 责任印制 | 李晓霖 |

| | | |
| --- | --- | --- |
| 出　　版 | 中国科学技术出版社 | |
| 发　　行 | 中国科学技术出版社有限公司发行部 | |
| 地　　址 | 北京市海淀区中关村南大街 16 号 | |
| 邮　　编 | 100081 | |
| 发行电话 | 010-62173865 | |
| 传　　真 | 010-62173081 | |
| 网　　址 | http://www.cspbooks.com.cn | |

| | | |
| --- | --- | --- |
| 开　　本 | 880mm×1230mm　1/32 | |
| 字　　数 | 185 千字 | |
| 印　　张 | 9.75 | |
| 版　　次 | 2023 年 1 月第 1 版 | |
| 印　　次 | 2023 年 1 月第 1 次印刷 | |
| 印　　刷 | 北京盛通印刷股份有限公司 | |
| 书　　号 | ISBN 978-7-5046-9848-3/B·112 | |
| 定　　价 | 59.00 元 | |

# 前言

　　新冠肺炎疫情的蔓延不仅导致世界各国出现众多感染者及死亡病例，世界经济也受到了严重打击，给全世界造成的损失不可估量。当今时代，日本人从未像现在这样关注自身健康，我们意识到为了保持健康首先要获取正确信息，其次应通过优化自身思维模式与行为方式来有效预防疾病。健康的价值对人们来说无可比拟、不可替代，人们保持健康的生活习惯不仅能预防疾病，还能有效提升大脑活力。睡眠时间常年不足六小时的人，其大脑活跃度与彻夜不眠者一样都处于较低水平。令人遗憾的是，约半数商务人士都处于此状态。

　　相信很多人都有过如下困惑：

　　"无法按时完成工作。"

　　"工作中总是犯错。"

　　"自己的工作没有受到上司或同事的认可。"

　　其实，出现上述情况并非由于你的能力不足，而是不良的生活习惯导致你无法充分发挥出你应有的实力。而通过改善生活习惯、提升大脑活力能显著提高你的工作效率。所以，重新审视生活习惯就是最有效的工作法，能让你在短短一周内收效明显。改善生活习惯不仅能显著降低高血压、糖尿病、癌症、心脏病等中老年疾病的患病风险，还能有效降低抑郁症、阿尔茨海默病①等精神疾病的患病风险。

撰写本书有两个主要目的：一是提升大脑活力以高效完成工作及学习；二是预防身心疾病，实现健康长寿的目标。践行本书内容能在短期内达到第一个目标，而达到第二个目标则需要较长时间。不过，当你保持一个月的良好睡眠并坚持运动之后，就能切身感受到身心的巨大变化。

益于健康的生活习惯包括改善睡眠、运动、健康饮食、戒烟、节制饮酒及减压这六方面内容。其中，改善睡眠、节制饮酒及减压属于我的专业领域——精神科，而吸烟与尼古丁依赖症有关，也属于精神科领域。近年来，关于大脑与运动之间关系的研究突飞猛进，并被划入精神科领域。虽然饮食并不属于精神科范畴，但我对于各类食品及营养补充剂的功效进行过实测，并查阅了大量论文和相关资料。

自2014年起，我开始在油管网（YouTube）上传改善睡眠、运动以及预防精神疾病的相关短视频，总计超过3000条，我的专属频道访问人数超过20万人，可以说我是在油管网拥有广泛受众群的日本精神科医生。同时，我是日本第一个向大众普及生活习

---

① 阿尔茨海默病多发于老年期，因比较典型，作者特将其提出，未与中老年疾病一同叙述。——编者注

惯对精神健康的重要性的人。本书在之前科普知识的基础上加以最新研究成果，用深入浅出的方式阐述益于健康的生活习惯。

如上文所述，预防及治疗精神疾病需养成六种良好的生活习惯，即改善睡眠、运动、健康饮食、戒烟、节制饮酒、减压。此外，养成这些习惯还能有效预防高血压、糖尿病、癌症、心脏病等中老年疾病。可见，有效预防精神疾病也能有效预防中老年疾病。

大脑是身体的指挥部，负责调节自主神经系统、分泌的激素、体温、食欲以及人体生物节律，可以说，益于大脑活跃度的生活习惯就是益于整个身心的生活习惯。

在当今与新冠肺炎疫情共生的时代，我们每个人时刻都在担心自身的健康状况。改善生活习惯能提高免疫力、降低病毒感染风险，同时有效激活大脑、显著提升工作状态。当你的身心都处于最佳状态时，就能免受精神疾病及中老年疾病的侵害，从而让每一天都过得充实而愉悦。

正是出于这种目的，我整理出版了本书，它将成为今后时代必不可少的健康攻略。如果本书在改善人们的健康状况、提升心脑状态方面有所裨益，大家能以饱满的精神状态跨越与新冠肺炎疫情共生的时代，我作为精神科医生将倍感欣慰。

桦泽紫苑

# 目录

## 第三章　早上散步 / 159

绪论

# 基础知识

## 身心疾病的早期预防

如果询问人们现在的健康情况，也许很多人会回答"健康"。那么，血液、肝功能、胆固醇及血糖的指标为多少才能称为健康呢？我们又该如何定义健康呢？大多数人认为不生病就是健康，然而此判定标准并不准确。看似健康的人突然病倒，并非由于突然患上了高血压或糖尿病，而是之前一直忽视自己的高血压、高血糖状况而导致症状加剧以致突发疾病。当高血压、糖尿病恶化到必须依靠药物治疗的程度，想要恢复到健康状态则非常难。

对于抑郁症等精神疾病而言也是如此。如果某个人持续数周或数月表现出意志消沉、失误频发、身体不佳等前期抑郁或轻度抑郁的症状，之后很可能发展成抑郁症。很多精神疾病及中老年疾病的潜在病患都处于健康与患病之间的灰色地带，而潜在病患与病患的最大不同是前者可逆而后者不可逆且治疗难度较大。通过彻底改善生活习惯可以让潜在病患在短期内恢复健康。不过，一旦这类人群发展为病患，比如罹患阿尔茨海默病、高血压、糖尿病等，想要彻底治愈几乎是不可能的。

如果能在疾病的潜伏期发现并适时干预身心疾病，就能有效预防病症的进一步恶化（不可逆），这就是预防疾病的基本准则。对此，医生的建议是"适量运动、合理饮食、缓解压力"，然而能切实做到并恢复健康的人却少之又少。潜在病患之所以对医生的建议置若罔闻是因为他们并不了解具体做法。

因此，本书从改善睡眠、运动、健康饮食、戒烟、节制饮酒及减压这六种生活习惯入手，详细且明确地阐述各项行为指南。各位读者如能践行书中内容，就能有效预防疾病。

**疾病的早期预防**

改善睡眠　　　　运动　　　　健康饮食

戒烟　　　　节制饮酒　　　　减压

 不能漠视身心的不适感，应将其遏制在疾病的潜伏期。

## 让身心达到最佳状态

如果你觉得自己很健康，请思考一下自己的体力与精力是否充沛。可能仅有少部分人能给出肯定的回答。有些人每天下班回到家已经筋疲力尽，还有人习惯在周末补觉。如果健康就是不生病的话，其中既包括这种亚健康状态，也包括精力充沛、身心俱佳的状态。我们只有摆脱亚健康，将精力与体力调整到最佳状态，才能提升工作效率、充分掌握工作要领，获得上司的肯定，同时能让自己更好地享受生活。人生只有一次，难道你不想拥有这种高质量的生活吗？

世界卫生组织对"健康"一词的定义是"健康乃是一种生理、心理和社会适应都臻完满（well-being）的状态，而不仅仅是没有疾病和虚弱的状态"。可见，不生病仅是健康的初级阶段，有人将"well-being"翻译成"臻完满"，而我则更愿意将其称为"绝佳状态"，即身心状态良好、人际关系融洽、获得社会认同。

作为一名精神科医生，我撰写本书的初衷是帮助大家有效预防精神疾病及中老年疾病，其目标并非是达到不生病的亚健康状态，而是希望各位在体力、精力及人际关系等诸多方面都能达到绝佳状态，过上健康的生活，其具体方法就是合理优化睡眠、运动、健康饮食、戒烟、节制饮酒、减压这六种生活习惯。如果睡眠不足、运动量过少、生活习惯不佳会严重影响自身能力的发挥。如能将工作的质量提升一倍，一定会显著提高工作成绩。在拙作《输出大全》及《输入大全》中详细介绍了提升工作效率的相关方法。然而，实现这些方法的前提是保证睡眠、充分运动，否则一切都是妄谈。

　　希望大家在学习技能之前，要先改善自己的生活习惯，而本书正是以此为目的帮助大家有效提升自身状态。

**让身心达到最佳状态**

改善习惯、预防疾病　←　睡眠、运动、饮食等

睡眠不足、运动量少、生活习惯不佳　→　恶化

调整改善

绝佳状态

预防

治疗疾病

健康　　疾病

潜伏期　疾病

好状态　←→　不佳状态

改善生活习惯非常重要。

第一章

# 改善睡眠

## 用 3 分钟了解本章的主要内容

读者：这周我工作得非常卖力，每天都工作到很晚，终于做好了一个重要的幻灯片。不过，我最近总感觉很累，也许是上了年纪的缘故吧，我已经35岁了。

作者：真是辛苦了，你看起来很累，最近睡眠怎么样？

读者：我的睡眠还可以，反正能睡着。昨晚我用手机看了一集国外的网络电视剧，凌晨2点睡下，早上7点起床，大概睡了5个小时。我属于短时睡眠者（short sleeper）。

作者："短时睡眠者"是指特定基因发生突变的一类人群，每10万人中仅有4人属于此类型。如果正常人每天睡眠时间少于6小时，就属于睡眠不足。

读者：竟然是这样！不过，我觉得自己很健康，体检指标也很正常，工作起来也未感到有什么不适。那么，睡眠不足会带来哪些危害呢？

作者：简而言之，会缩短寿命。

读者：缩短寿命？

作者：是的，还会显著降低工作效率，导致肥胖。

读者：寿命、肥胖与睡眠有关？

作者：有很大的关系。睡眠研究的知名学府——美国宾夕法尼亚大学的研究显示，每天睡眠时间不足6小时的人与睡眠时间在6小时以上的人相比，前者死亡率是后者的5倍。

读者：5倍……这么多！

作者：因为前者罹患癌症、脑卒中、心肌梗死等致命疾病的概率显著增加。而且，睡眠不足还会钝化专注力、注意力、判断力及情绪控制等多种脑机能。有研究证明当人连续10天睡眠时间在6小时时，其大脑认知机能与24小时不眠不休的状态相同。

读者：如此说来，我竟然一直在熬夜工作。

作者：此外，睡眠不足还是导致肥胖的潜在原因。人起床后的活动时间越长，身体越需要储存能量，从而刺激食欲素①分泌。一般来说，睡眠不足者的发胖概率是睡眠时间正常者的5倍。

读者：我过于忽视睡眠的重要性了，以为削减睡眠时间更利于做出业绩，人生也更加充实。

作者：我在20多岁的时候也抱有此想法。在我28岁的一次

---

① 又叫下丘脑分泌素，有促进食欲的作用。——编者注

外出时，我突然感到双耳剧痛。当时我在北海道的旭川医院工作，以为是天气寒冷所致，所以没当回事。可是一周后，我仍然感到耳朵不舒服，听声音时经常有回响，甚至连患者的声音也听不清，同时伴有头晕。其实这些症状属于压力诱发的突发性耳聋。后来，我通过服用处方药，保证充足的睡眠及禁酒后逐渐痊愈。如果当时我放任不管的话，可能终生无法治愈。从此，我开始意识到身体健康的重要性，也想让更多人了解预防疾病的常识以及健康的生活方式。

读者：原来您有过这样的经历啊，那么，人每天睡多长时间比较好呢？

作者：根据美国加利福尼亚大学的研究结果，睡眠时间为7小时的人死亡率最低。如果睡眠时间过长，也会导致死亡率上升，我们平时只要保证7小时左右的睡眠时间即可。不过，睡眠不仅要看量更应注重质。你每天醒来时感觉如何？

读者：嗯……谈不上畅快，靠闹钟的"延迟提醒"能勉强醒来。

作者：看来你的问题不仅是睡眠时间不足，还有起床困难、身体困倦，这些可能都源于睡眠质量较差。请回想一下，你在睡前是否有接触蓝光以及喝酒、饮食等行为，是否进行过刺激性的娱乐活动，如玩游戏、看电影等，这些都是影响睡眠质量的主要原因。

读者：我只能想起一两件事。由于我每晚都很累，很难立即入睡，因此习惯在睡前用手机看电视剧或在油管网上浏览视频。而且，我每天回到家都很晚，晚饭也吃得很迟，因为太累一般会在晚饭时喝两三罐啤酒以解乏。

作者：接触蓝光会让身体误以为现在是白天，如果再看一些有趣的视频则会进一步刺激交感神经，从而更加难以入睡。另外，饮酒也是导致睡眠障碍的主要原因。餐后立即睡觉会影响具有消除疲劳功效的生长激素的分泌，而且消化器官在工作时身体也无法得到充分休息，这就完全丧失了睡眠的意义。所以，饮酒或用餐之后至少要过2小时才能睡觉。

读者：原来如此。如果睡前不可以玩手机、喝酒，那么做什么好呢？

作者：睡前2小时是放松的"黄金时间"。可以与家人、宠物待在一起，也可以看看书或是写三行"正能量日记"记录一些愉快的事。

读者：我是否应该吃朋友正在服用的助眠营养剂呢？

作者：与其寄希望于效果不明确的营养剂，不如首先改善自身的生活习惯。

> **小 结**
>
> ☑ 每天睡眠时间不足6小时即睡眠不足。
>
> ☑ 睡眠不足会减寿、钝化脑机能、导致肥胖。
>
> ☑ 睡眠时间为7小时的人死亡率最低。
>
> ☑ 睡前玩手机、看电视以及饮酒、用餐都会影响睡眠。
>
> ☑ 睡前2小时是放松时间。

## 四成日本人睡眠不足

日本人睡眠不足的情况十分严重。据经济合作与发展组织（OECD）对日本人平均睡眠时间的调查结果（2019年）显示，日本人的睡眠时间在OECD调查的30个国家中排名垫底，即日本是世界上睡眠时间最短的国家，比世界平均睡眠时间短61分钟。另外，据日本厚生劳动省调查，睡眠时间不足6小时的男性占比为36.1%、女性占比为39.6%。从性别及年龄层看，30~50岁的男性以及40~60岁的女性中超4成的人睡眠时间不足6小时（2018年国民健康和营养调查情况）。睡眠时间在7小时以上的男性占比29.5%、女性占比25.7%，可见，约4成的日本人处于睡眠不足的状况，每3~4人中仅有1人睡眠质量较好。

在同调查中，认为"最近一个月未能通过睡眠获得充分休息"的人占比达21.7%，即每5个日本人中就有1人受困于睡眠问题。而且睡眠问题会随着年龄增长而加剧，在60岁以上的人中，每3人中就有1人为此苦恼。另外，据日本国立保健医疗科学院的调查显示，每14个日本人中就有1人服用安眠药。可见，多数日本人需要重新认识睡眠的重要性并应努力改善睡眠质量。

**日本人是世界上睡眠时间最短的**

睡眠不足　　　　　　　　　　　每5人中有2人

睡眠障碍　　　　　　　　　　　每5人中有1人

服用安眠药

　　　　　　　　　　　　　　　每14人中有1人

　　睡眠不足与睡眠障碍有什么区别？最近常用的"睡眠负债"又是什么意思呢？所谓"睡眠不足"是指无法确保必要的睡眠时间。具体的时间界限划分虽无定论，但绝大多数研究都将6小时作为分界线，而且已有研究证明睡眠时间在6小时以下会对健康造成严重影响，因此本书将睡眠时间少于6小时的情况定义为睡眠不足。有些人即使睡了8个小时，由于睡眠质量较差，也无法有效消除疲劳，也会导致睡眠不足。可见睡眠不足应从"量（时间）"与"质"两方面进行评价。所谓"睡眠障碍"是指想睡却睡不着的情况，具体包括入睡困难、中途醒来、提早醒来、无法熟睡、睡眠频率紊乱等。睡眠障碍者经常白天犯困，给工作、学习及生活带来了较大影响。所谓"睡眠负债"是指长期睡眠不足的状况如同累积的负债一样对身心造成了恶劣影响，它极易诱发疲劳，会钝化大脑认知机能，还会降低专注力与工作效率。仅一周的睡眠不足便会形成睡眠负债，即便周末补觉也无法彻底偿还这笔负债。长期积累的睡眠负债会显著增加罹患中老年疾病的风险。

无论你的情况是睡眠不足、睡眠障碍还是睡眠负债，如果能充分落实本书中改善睡眠的方法，那么你终将收获高质量的健康睡眠。

### 睡眠不足、睡眠障碍与睡眠负债的区别

| 睡眠不足 | 睡眠时间少于6小时，想睡却无法确保充足的睡眠时间。 |
| --- | --- |
| 睡眠障碍 | 想睡却睡不着的情况。白天犯困，影响工作状态。 |
| 睡眠负债 | 由长期睡眠不足所导致，会钝化大脑认知机能，长期积累会对健康造成负面影响。 |

日本人是世界上最缺觉的人。
睡眠时间少于6小时即为睡眠不足。

## 睡眠不足的坏处 1：缩短寿命

关于睡眠不足对于健康的影响，想必大家或多或少都了解一些。具体来说，睡眠不足会带来以下4个方面影响：

（1）致病、减寿。

（2）严重降低工作效率。

（3）导致肥胖。

（4）罹患阿尔茨海默病的风险增加。

关于睡眠不足带来的第一个方面的致病风险，详见下页图。有研究显示，睡眠时间少于6小时的人与常人相比，前者癌症的患病风险是后者的6倍，脑卒中的患病风险是后者的4倍，心肌梗死的患病风险是后者的3倍，糖尿病的患病风险是后者的3倍，高血压的患病风险是后者的2倍，感冒的患病风险是后者的5.2倍，阿尔茨海默病的患病风险是后者的5倍，抑郁症的患病风险是后者的5.8倍，自杀风险是后者的4.3倍。另有研究显示，睡眠不足者的死亡率是常人的5.6倍。

请试想一下"癌症的患病风险是常人的6倍"的概念，即每2个日本人中就有1人患癌症，每3人中就有1人因癌症死亡。当癌症变成司空见惯的疾病时，其严重后果将不堪设想。

**睡眠不足的致病风险**

| 癌症 | 6 倍 | 1.6~6 倍 |
|---|---|---|
| 脑卒中 | 4 倍 | |
| 心肌梗死 | 3 倍 | |
| 糖尿病 | 3 倍 | 2.2~3 倍 |
| 高血压 | 2 倍 | 1.3~2 倍 |

| 感冒 | 5.2 倍 | 2.5~5.2 倍 |
|---|---|---|
| 阿尔茨海默病 | 5 倍 | 2.9~5 倍 |
| 抑郁症 | 5.8 倍 | 2.5~5.8 倍 |
| 自杀 | 4.3 倍 | 1.9~4.3 倍 |

注：以上数据选自相关代表性研究，因引用多篇论文而出现数值浮动。

睡眠不足不仅增加罹患中老年疾病的风险，还会增加罹患抑郁症、阿尔茨海默病等精神疾病的风险。反之，如能保证充足的睡眠便可有效预防这些疾病。具体而言，削减睡眠时间将导致"生命时钟"——端粒变短。端粒位于染色体末端，随着细胞的分裂而逐渐缩短，一旦端粒不能再缩短时，细胞便无法继续分裂，可见端粒与人的生命息息相关。

诺贝尔生理学或医学奖获得者伊丽莎白·海伦·布莱克本（Elizabeth Helen Blackburn）博士的研究显示，睡眠时间为5~6小时的老年人的端粒会缩短，而睡眠时间为7小时的老年人的端粒长度接近普通中年人的端粒长度甚至更长一些。端粒与生命的关系十分密切，睡眠不足会减寿而睡眠充足则会增寿。当睡眠不足对细胞及脏器造成的损伤经过长期累积后，从45岁或50岁开始，会以糖尿病、高血压、心肌梗死、脑卒中、癌症等中老年疾病的形式突然显现，甚至还会导致40多岁、50多岁的人发生过劳死或猝死。其中，过劳死与睡眠不足之间有着很强的相关性。

　　如果在年轻时背负巨额睡眠负债，20年后"死神"就会来"催债"，只有从现在开始改善睡眠，方能避免此厄运的发生。

**什么是睡眠负债**

 切勿忽视睡眠负债，否则20年后命在旦夕！

## 睡眠不足的坏处2：严重降低工作效率

　　削减睡眠时间会严重影响大脑活跃度。具体而言，连续14天睡眠时间在6小时时，大脑认知机能与连续48小时不眠不休的状态无异。另有研究指出，连续10天睡眠时间在6小时时，大脑认知机能相当于连续24小时不眠不休的状态。此时的大脑类似于喝了1~2合（1合=0.1升）日本酒的醉酒状态，即每天睡6小时的人与长期熬夜工作或边喝酒边工作的人一样，都处于低效工作状态。

现已证明削减睡眠会钝化专注力、注意力、判断力、执行力、短时记忆、作业记忆、数量能力、计算能力、逻辑推理能力以及心态和情绪等几乎全部脑机能。下图显示的是大脑活力降低的具体指标。

**睡眠时间与专注力的关系**

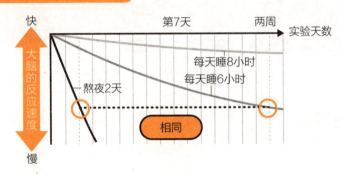

（资料来源：美国宾夕法尼亚大学等的研究）

美国密歇根大学进行过一项研究，测试熬夜一晚的实验对象在第二天的注意力情况，结果显示实验对象的失误率升至原来的3倍。另外，据权威医学杂志《柳叶刀》刊登的研究显示，睡眠不足的医生与睡眠充足的医生相比，完成工作的时间延长14%，而失误率则增加20%以上。"工作时间延长14%"是指例如原来用8小时就能完成的工作现在则需花费9小时7分。如此算来，每天必须多花近1小时工作。其实这多余的1小时应该用于睡眠。请你试想一下，"睡6小时、工作9小时"与

"睡7小时、工作8小时"哪种方式更有益？

睡眠不足者每天工作时仅能发挥出80%~90%的精力，即便竭尽全力也少有建树。同时，工作中更易失误甚至失败，还易出现疲倦、情绪不稳等情况，甚至影响到人际关系。所以，我们只要适当增加睡眠时间便可提高工作效率、改善人际关系，何乐而不为呢？

**工作与睡眠时间的关系**

失误频发（专注力和注意力低下）

低效工作、无法按时完成工作（效率低下）

记性变差、健忘（记忆力低下）

全部源于睡眠不足

情绪烦躁、易怒，影响人际关系

考试成绩差（记忆力低下）

开会时犯困

经常迟到

易疲倦

 睡眠是提高工作质量和工作效率的终极方法。

## 睡眠不足的坏处3：食欲暴涨、严重发胖

也许你减肥失败的主要原因并非意志薄弱，而是睡眠不

足，而且你发胖的原因也可能是睡眠不足。下面，我将从科学的角度阐述睡眠与肥胖之间的关系。

（1）睡眠不足导致严重发胖

在美国哥伦比亚大学进行的研究中，将睡眠7小时的肥胖基数设为"1"，结果显示，睡眠6小时的肥胖者比例增加23%，睡眠5小时的肥胖者比例增加50%，睡眠4小时的肥胖者比例增加73%。

**睡眠时间与肥胖度的关系**

（资料来源：参考美国哥伦比亚大学的研究）

瑞士苏黎世大学给出的研究数据更让人震撼，该研究用13年追踪了约500名27岁男女的睡眠时间与身体质量指数（BMI）之间的关系，结果显示：睡眠时间少于5小时的人与睡眠时间在6~7小时的人相比，年平均BMI升高近4倍，即发胖概率增加了4倍。实际上，睡眠不足者的BMI是常人的4.2倍。可见，睡眠不足正是导致肥胖的主要原因。

（2）睡眠不足增进食欲

睡眠不足会刺激增进食欲的激素——饥饿激素分泌，降低抑制食欲的激素——瘦蛋白分泌，这种激素变化会导致你的食欲增加25%。美国宾夕法尼亚大学将睡眠时间8小时的实验组与熬夜的实验组相比较进行研究，其结果显示：熬夜的实验组更倾向于选择高热量、高脂肪类食物，他们每天摄入的热量更多。睡眠不足导致食欲暴增，对于碳水化合物①及脂肪的需求也更加旺盛。

（3）睡眠不足更难控制食欲

美国加利福尼亚大学伯克利分校的脑成像分析研究显示，睡眠不足导致大脑的控制中心（额叶前皮质与岛叶）的活跃度降低，却使食欲冲动相关区域（扁桃体）的活性增强，即

睡眠与食欲的关系

睡眠时间8小时→5小时　增加14%　减少15.5%　增加25%　增进食欲激素饥饿激素　抑制食欲激素瘦蛋白　食欲　一碗米饭的热量为385千卡　如何消耗？　步行1小时　快走30分钟　睡眠不足导致食欲暴涨

想变瘦就要保证7小时的睡眠时间。

_____

① 是一切生物体维持生命活动所需能量的主要来源。——编者注

睡眠不足时更易冲动进食而控制力却减弱了。

（4）睡眠不足增加热量摄入

伦敦大学针对睡眠与食欲的关系进行了11项相关研究（调查了近500人），其结果显示：睡眠时间少于6小时的人每天多摄入约385千卡（1千卡≈4.18千焦）热量。这些热量需要慢跑30多分钟或者步行1小时才能消耗掉。所以，要想减肥成功，首先要保证7小时的睡眠时间。

## 清除脑内废物方可享受生活

最近，"百岁人生"一词常被人们提及。如果人生真能乐享百岁该是多么难能可贵的事情啊！不过，如果真能活到百岁，恐怕绝大多数人会患上阿尔茨海默病，因为九成百岁以上的老人均患有阿尔茨海默病（包括轻度认知机能障碍）。

日本已经进入真正的老龄化社会，如果阿尔茨海默病患者照目前的比例继续增长，医疗及看护体系将面临崩溃。届时，每5个80岁以上的老人中就有1人、每5个90岁以上的老人中就有3人罹患阿尔茨海默病。

预防阿尔茨海默病有两种方法最为有效，即睡眠与运动。

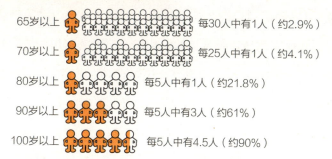

**不同年龄层的阿尔茨海默病患病率**

65岁以上　每30人中有1人（约2.9%）

70岁以上　每25人中有1人（约4.1%）

80岁以上　每5人中有1人（约21.8%）

90岁以上　每5人中有3人（约61%）

100岁以上　每5人中有4.5人（约90%）

（资料来源：根据日本厚生劳动省研究数据计算）

　　阿尔茨海默病的致病物质是β-淀粉样蛋白（以下简称"Aβ"），当Aβ在大脑中积累时会形成老年斑，由于Aβ的神经毒性极强，持续积累会导致神经细胞死亡，伴随出现记忆障碍并最终诱发阿尔茨海默病。

　　我们的大脑每天都会清洗脑内废物。在我们夜晚睡眠时，脑内胶质细胞收缩60%从而产生空隙，于是脑脊液①顺势流入空隙清洗脑内废物。睡眠时清除的脑内废物量是日间的10倍之多。脑中的清洗过程类似于喷射水流洗涤，该系统名称由胶质与淋巴两词结合而成，即胶质淋巴系统。只要每天保证充足的睡眠，Aβ就会被清洗干净，而且睡眠质量越高，该系统的活性越强。保证7小时以上的深度睡眠就不会积累Aβ，从而

---

①　存在于脑室及蛛网膜下腔的一种无色透明液体，包围并支持着整个脑及脊髓，对外伤起一定的保护作用。——编者注

有效预防阿尔茨海默病。反之，越削减睡眠时间就越容易积累Aβ，从而更易诱发阿尔茨海默病。实际上，对睡眠障碍认识存在误区的人与能正确认识的人相比，前者的阿尔茨海默病患病风险是后者的4~5倍。另外，美国国立卫生研究所针对40岁的男女在30小时不眠情况下的大脑进行PET[①]检测（高精度图像诊断），其结果显示：在海马、海马旁回、视丘3个区域发现了Aβ积累。需要警醒的是，该研究揭示出中青年人仅熬夜一次即可导致Aβ积累。如果不想患上阿尔茨海默病，请务必保持每天7小时以上的深度睡眠。

**睡眠不足更易诱发阿尔茨海默病**

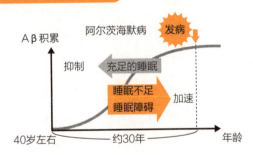

 不想患阿尔茨海默病就要保证睡眠。

---

① 即正电子发射断层摄影法，是调查癌细胞有无的检查。——编者注

## 必要的睡眠时间

### 最佳睡眠时间

人一般睡多长时间为宜呢？答案是"7小时以上的高质量睡眠"，如果确实无法保证7小时，那么最少也要睡6小时。睡眠时间是关于睡眠的最常见的问题，也是最重要的问题。虽然关于该问题的研究层出不穷，但并无定论。因其涉及睡眠深度，只讨论量（即时间）毫无意义，而且人们的睡眠时间存在较大的个体差异，所以该问题在研究领域备受争论。由相关数据可知，必要睡眠时间应为7小时以上，6小时以下即为睡眠不足，会显著增加患病风险，大幅降低专注力及工作效率。

希望各位至少保证6小时的睡眠时间，如想更好地保持健康、提升工作效率，请保证7小时以上的睡眠时间。

各国关于睡眠的研究都以"睡眠时间少于6小时"作为比较基准，并将其定义为睡眠不足。一旦睡眠时间不足6小时，就会增加患病风险。那么，我们平时睡多长时间为宜呢？美国加利福尼亚大学针对睡眠时间与死亡率之间的关系进行了研究，其结果显示：平均睡眠时间为7小时（6.5~7.5小时）的人死亡率最低，多于或少于这个时间的死亡率都有所上升。由此可知，睡眠时间与死亡率之间关系呈V字形变化。

日本的相关研究也得出类似结果，即睡眠时间为7小时左右的人死亡率最低。

**睡眠时间与死亡率**

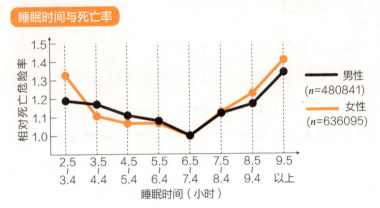

（资料来源：美国加利福尼亚大学的研究结果）

## 长时间睡眠对健康有害

虽然睡眠益于健康，但是睡眠时间过长却对健康无益。尤其对老年人而言，延长睡眠时间意味着减少日间活动时间（运动时间），容易造成运动不足。正如睡眠时间与死亡率的关系图所示，平均睡眠时间为8小时的死亡率竟然高于平均睡眠时间为6小时的死亡率。不过，仅据此数据就断定"8小时睡眠时间对健康有害"未免过于片面。该问题在研究睡眠的学者之间尚存争议，因为这些研究中的研究对象既包括健康的老年人，也包括患者。不可否认的是，病情较重的患者的睡眠时间会变长，其死亡率也会因此得到一定控制。

**睡眠时间与死亡率**

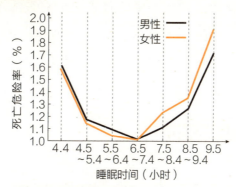

（资料来源：日本名古屋大学等机构用10年时间进行的追踪研究）

 睡眠时间为 7 小时左右时死亡率最低。

斯坦福大学进行过一项实验，他们让8名健康的年轻人尽可能地多睡觉，其结果显示，实验对象在实验初期能睡13小时，而后睡眠时间逐渐缩短，在3周后仅能睡8.2小时。由此可知，人必要的睡眠时间为8.2小时左右。另有实验对睡眠时间在9小时以上的篮球运动员与睡眠时间为7小时的篮球运动员进行了比较研究，结果显示：前者的投篮命中率等运动指标获得显著提升。由此可知，睡眠时间为8~9小时能提升专注力与运动能力。日本庆应义塾大学医学部百寿综合研究中心以百岁以上的老人为对象进行了研究，其结果显示：他们的平均睡眠时间较长，具体为男性8.9小时，女性9.1小时。另外，科技公司Jawbone的"向上"（UP）应用程序通过可穿戴设备对几十万人的睡眠、运动、饮食等生命轨迹数据进行了追踪调查，其结果显示：最佳睡眠时间为8~9.5小时。《保健睡眠指南2014》（日本厚生劳动省）中指出："睡眠时间存在个体差异，一般而言必要睡眠时间应在6小时以上而少于8小时。"

**每天睡 14 个小时会怎样**

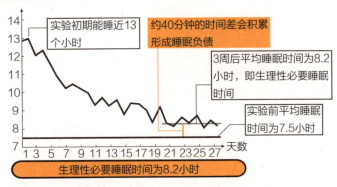

睡眠时间/小时

实验初期能睡近13个小时

约40分钟的时间差会积累形成睡眠负债

3周后平均睡眠时间为8.2小时，即生理性必要睡眠时间

实验前平均睡眠时间为7.5小时

天数

生理性必要睡眠时间为8.2小时

[资料来源：《斯坦福高效睡眠法》（西野精治著，SUNMARK出版，简体中文版由文化发展出版社出版）]

美国疾病控制与预防中心（CDC）建议人们每天的睡眠时间为7~9小时，美国国家睡眠基金会（National Sleep Foundation）建议的睡眠时间也是如此。据此数据可知，"8小时睡眠时间对健康有害"一说并不成立。我认为7~8小时的睡眠时间是健康的，并且应该将8小时睡眠时间作为自己的目标。

　　归根结底，应从质与量两方面衡量睡眠时间。如果睡了6个小时之后能畅快而轻松地醒来亦无不可，而在极度疲惫时睡9个小时以上也无可厚非。

**最佳睡眠时间**

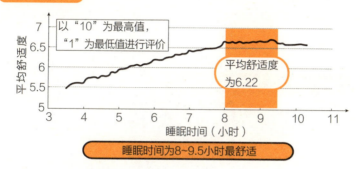

（资料来源：Jawbone公司的调查结果）

**睡多长时间为宜**

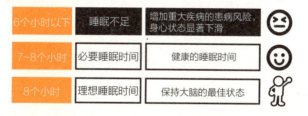

 保证7小时的睡眠时间方能达到最佳状态。

## 睡眠的质与量

就睡眠的质与量而言，哪个更重要呢？我的答案很简单：两者都很重要。只有保证充足的深度睡眠才能获得健康并提升自身状态。那么，我们在改善睡眠时应先从哪方面入手呢？答案是"质"，即先从改善睡眠的质入手。

**通过提升睡眠的质与量获得最佳睡眠**

日本的商务人士都很勤奋，他们中近半数人每天的睡眠时间不到6小时，此类人经常工作到很晚，即使回家后还要忙于学习及家务等。我建议他们首先应该着力提升自身睡眠的质，然后再努力延长睡眠时间。提升睡眠的质的人能明显感到自身专注力、记忆力、工作效率得到提升，从而深刻体会到睡眠的巨大影响力。当然，5小时的优质睡眠并不一定能完全抵消短时睡眠对健康及自身状态的影响，但会逐步减少这种负面效应。

　　另外，对于睡眠时间在7小时以上的人而言，提升睡眠质同样意义重大。在睡眠时间相同的前提下，你睡眠的质越好则日间状态越好，无论你的睡眠时间不足6小时还是在7小时以上，也无论你能否酣然入睡，所有人都应以提升睡眠的质为首要目标。

　　我每天的睡眠时间为7.5~8小时，我同时着力进一步提升睡眠的质。因为"提升睡眠的质=提升工作效率"，对此目标的追求没有终点。睡眠的终极目标是"保证7小时以上的优质睡眠"，就让我们先从优质睡眠做起吧。

### 何为最佳睡眠

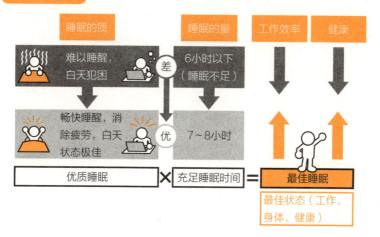

 提升睡眠的质就是提升工作效率。

## 如何判定睡眠的质

所有人都应致力于提升睡眠的质。那么，我们应该如何判定睡眠的质呢？请从以下4个方面进行判断。

（1）醒时感觉

醒时感觉关乎睡眠的质与量，是判定睡眠优劣的标准。如果早上醒时感觉不错就是优质睡眠，如果感觉不佳就是劣质睡眠；如果早晨醒得畅快、神清气爽、干劲十足就是优质睡眠，如果清醒困难、总想赖床、情绪阴郁就是劣质睡眠。

（2）入睡情况

在衡量睡眠的质时，入睡时间也是一项重要指标，判定睡眠的质的4项指标见下表。

**判定睡眠的质的4项指标**

| 序号 | 指标 | 判定标准 | | |
|---|---|---|---|---|
| 1 | 早晨睡醒 | 心情愉快 | 心情一般 | 心情较差 |
| 2 | 就寝至入睡的时间 | 10分钟以内 | 10~30分钟 | 30分钟以上 |
| 3 | 夜醒次数 | 0次 | 1~2次 | 3次以上 |
| 4 | 白天是否犯困 | 完全不 | 否 | 是 |
| | 评价 | 优 | 一般 | 劣 |

我们将就寝至入睡的时间称为"入眠延时"。入眠延时

在10分钟以内为健康，在10分钟以上为"入睡困难"，在30分钟以上为"入睡障碍"。

（3）有无夜醒

我们将睡眠过程中突然醒来的情况称为"夜醒"。夜醒次数为0次则为优质睡眠，夜醒次数越多则睡眠的质越差。

（4）白天是否犯困

该评价标准是衡量睡眠的质与量的重要指标。白天犯困的人即为睡眠不足，可由此推知睡眠的时间、品质或是两方面均显不足。

如果你的睡眠情况涉及以上4项指标中的多项，则说明睡眠的质不佳，需要进一步提升，接下来介绍如何改善睡眠的质与量。

**用醒时感觉衡量睡眠的质**

| 优质睡眠 | 劣质睡眠 |
| --- | --- |
| 醒得畅快 | 很难睡醒 |
| 轻松起床 | 起床困难 |
| 感觉爽快 | 情绪阴郁 |
| 状态最佳 | 总想赖床 |
| 心情愉悦 | 状态不佳 |
| 身体状况良好 | 心情压抑 |
| 彻底消除疲劳 | 身体状况不佳 |
| 全身轻松 | 尚感倦怠 |
| 干劲十足 | 浑身疲乏 |
| | 缺乏干劲 |

 记录每天的醒时感觉。

## 客观评价睡眠

推荐大家使用智能手机中的睡眠应用程序对睡眠的质进行客观评价。

### 睡眠应用程序的评价机制

睡眠应用程序包括测定体动与声音两种类型。深度睡眠的评价标准为1~4，其中4为最佳深度睡眠，睡眠者在3与4阶段时肌肉处于放松状态，睡着时很少翻身。该软件正是基于睡眠越浅体动（翻身）次数越多、睡眠越深体动次数越少的睡眠原理。

### 睡眠应用程序的准确率

睡眠应用程序并非医疗仪器，其精密度有限，不过还是能较为准确地测定睡眠者的睡眠及夜醒情况。重要的并非绝对值而是相对值，通过与之前数据的比较而获得有益参考。如果想获得更准确的数据，可选用智能手表或可穿戴型运动测量设备。佩戴智能手表能准确了解身体动态及脉搏变化情况，提高睡眠评价精度。

## 令改善生活习惯效果可视化

使用睡眠应用程序时还必须记录饮酒、运动、喝咖啡等生活习惯，因其功能完善，坚持记录数周便可掌握多方面信息。例如晚上喝酒会影响睡眠、运动会明显促进睡眠等均能一目了然，这就是睡眠应用程序的最大优势。

## 改善睡眠令人愉悦

将前日睡眠情况可视化，并通过数据随时了解入眠延时情况及睡眠效率，由此提高自己改善睡眠的积极性。另外，还有能给睡眠情况打分的应用程序，能让睡眠改善过程如同玩游戏一样，使人乐在其中。

## 使用睡眠应用程序的注意事项

很多人为了方便将智能手机置于枕头旁或枕头下，此时最好将其设为飞行模式。目前，尚无科学依据证明电磁波对健康会造成何种程度的不利影响，但已有学者指出近置手机会导致失眠，因此不应将手机放置得离自己太近。

**睡眠图示**

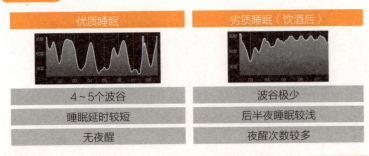

| 优质睡眠 | 劣质睡眠（饮酒后） |
| --- | --- |
| 4～5个波谷 | 波谷极少 |
| 睡眠延时较短 | 后半夜睡眠较浅 |
| 无夜醒 | 夜醒次数较多 |

 利用睡眠应用程序实现睡眠情况的可视化。

## 改善睡眠之最优方案

下面详细介绍改善睡眠的具体方法。为了便于大家掌握，我将各种方法归纳为改善睡眠的最优方案，具体包括改善生活习惯与合理管控日间及夜间行为两方面的内容。

（1）改善生活习惯

无论是睡眠不足者还是睡眠障碍者，改善睡眠的重中之重就是改善生活习惯。具体而言，就是改掉影响睡眠的习惯，养成益于睡眠的习惯。影响睡眠的习惯包括睡前2小时接触蓝光（智能手机、电脑、电视）及强光，饮酒、吸烟、进食以及进行刺激性娱乐活动（玩游戏、看电视、看电影）。睡前2小时应保持放松的悠闲状态。益于睡眠的习惯包括洗澡、与家人或朋友聊天、阅读等。切实改善生活习惯方能提升睡眠质量，进而提高日间的工作效率，还能让失眠症患者不药而愈。

（2）合理管控日间及夜间行为

有些人改善生活习惯也无法提升睡眠质量，这说明他们的日间生活方式存在一定问题。很多老年人及精神疾病患者习惯延迟起床，他们很少晒太阳也很少外出，运动量极少。正确的做法是白天忙起来、晚上闲下来。我们在白天通过各种活动及运动提升日间交感神经系统的活性，在夜晚则要有意识地放松下来，通过休息、放松切换为副交感神经系统。如此方能在夜晚进入深度睡眠，从而彻底消除一天的疲劳，第二天醒来再次开启活力满满的一天。

早上散步能激活血清素、复位生物钟、重启交感神经系统、提振自身状态。可见，改善睡眠不仅需要改善夜间行为，同时还要合理管控早上[1]（早上散步[2]）与日间（运动）行为方能形成三位一体式的睡眠改善体系。关于早上散步的具

---

① 在日本一般指10点之前。——编者注
② 因作者认为早上散步非常重要，故单独将其列出，未与运动一同叙述。——编者注

体内容将在第三章进行详细介绍。

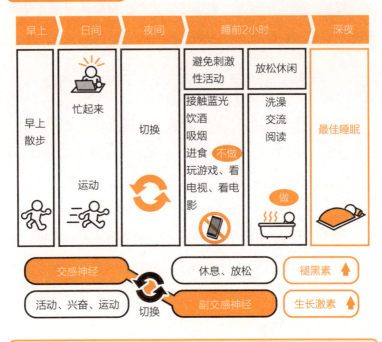

改善睡眠的最优方案

| 早上 | 日间 | 夜间 | 睡前2小时 | | 深夜 |
|---|---|---|---|---|---|

早上散步

忙起来 / 运动

切换

避免刺激性活动
接触蓝光 饮酒 吸烟 进食 玩游戏、看电视、看电影 不做

放松休闲
洗澡 交流 阅读 做

最佳睡眠

交感神经 —— 休息、放松
活动、兴奋、运动 切换 副交感神经

褪黑素 ↑
生长激素 ↑

 改善睡眠应从早上开始，白天忙起来、晚上闲下来。

## 影响睡眠的不良习惯

无论是提升睡眠质量还是改善睡眠障碍，其中的必要环节就是彻底改掉影响睡眠的生活习惯。简而言之，你睡不着的主要原因可能源于睡前2小时的习惯不佳。为了进入睡眠，你必须让大脑放松下来，当大脑处于兴奋状态时自然会睡不着。为了帮助大家改善睡眠，在此列举影响睡眠的不良习惯。

## 饮酒

"睡前饮酒促进睡眠"一说纯属无稽之谈。根据日本久留米大学的调查，失眠症患者中有80%的人用酒精助眠。可见，很多人都认为睡前饮酒促进睡眠，于是睡不着时便会喝酒。虽然饮酒能加快入睡时间，但会抑制后半夜睡眠及快速眼动睡眠[①]，易导致夜醒及早醒，从而缩短整体睡眠时间。相信大家都有过这样的经历：每逢参加完酒会的次日醒得都比较早，这就是酒精带来的影响。饮酒还会导致人们夜间频繁上厕所。可见，饮酒对睡眠的影响极其严重。每天饮酒极易患上失眠，尤其对于治疗中的失眠症患者而言，睡前饮酒会进一步加重病情，最终只能依靠药物入眠。

另外，饮酒是睡眠障碍久治不愈的最大隐忧，其原因在于患者不会主动将自身饮酒状况告知主治医生。如果你患有睡眠障碍还经常饮酒，只能靠安眠药入睡，请立即禁酒。如此一

---

[①]　又叫异相睡眠，指在睡眠过程中有一段时间脑电波频率变快，振幅变低，同时还表现出心率加快、血压升高、肌肉松弛等。——编者注

来，你可能无须再依赖任何药物便能酣然入睡。因为饮酒会严重影响睡眠质量，因此所有无法熟睡、睡眠不足还饮酒的人都应该在睡前2小时禁酒。如果确实有饮酒的需要，为了将其影响程度降到最低，需将饮酒时间与就寝时间间隔2小时（最好间隔3~4小时），同时应充分补水，因为水分可以加速酒精分解。当酒精被分解之后再就寝，能降低一些酒精对睡眠的影响。

**饮酒的三重负效应**

**根据睡眠状况控制饮酒**

## 刺激性娱乐活动

刺激性娱乐活动包括玩电子游戏、看电影、看电视剧、看漫画及小说等。有的人玩电子游戏直到凌晨两三点都毫无睡意，这是因为兴奋物质——肾上腺素在不断分泌。肾上腺素分泌让交感神经处于活跃状态，此时心跳加速、血压上升，人处于兴奋状态。人只有在副交感神经处于活跃状态方可入睡，所以人在玩游戏时的身体状态与入睡时的身体状态完全相反。而且电视、电脑等发射的蓝光会抑制睡眠物质——褪黑素的分泌。可见，视觉刺激类娱乐活动具有刺激肾上腺素分泌、抑制褪黑素分泌的双重负效应。很多人被这类娱乐活动的趣味性深深吸引，对其欲罢不能，久而久之就会患上睡眠障碍，也许这正是诱发年轻人睡眠不足及患睡眠障碍的最主要原因。

**睡前刺激性娱乐活动的双重负效应**

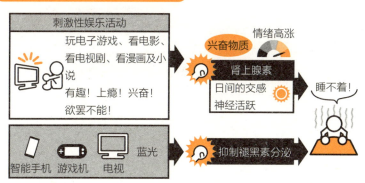

## 进食

睡前2小时内进食会降低睡眠质量，原因在于影响生长激素分泌。虽然进食并非导致失眠的决定性因素，但是无法让人酣然入睡，也不利于消除疲劳。生长激素能升高血糖，当血糖处于较高水平时，生长激素的分泌便随之变少。所谓优质睡眠就是生长激素充分分泌的睡眠。一旦生长激素停止分泌，就很难充分消除疲劳，从而丧失了睡眠的意义，而且睡前吸收的能量很难被消耗，积蓄起来会导致肥胖，所以睡前进食有百害而无一利。

总之，最晚进食时间与就寝时间应至少间隔2小时，并且不要吃夜宵。如果可以，最好在睡前3~4小时结束进食。

**睡前进食的三重负效应**

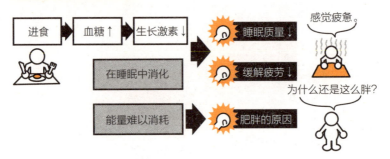

## 吸烟

提到对睡眠影响最大的习惯，那就莫过于吸烟了。考虑到不吸烟者对该话题的关注度有限所以我将其列为第五条，其实吸烟的负效应是排在第一位的。与不吸烟者相比，吸烟者患失眠症的概率是不吸烟者的4~5倍，且入睡时间比不吸烟者长15分钟。因吸烟导致的睡眠障碍即便在戒烟后也无法完全治愈，其结果就是常年服用安眠药。所以，要想彻底改善睡眠就先从戒烟做起。

　　烟草中含有的尼古丁能刺激肾上腺素分泌，由于肾上腺素是兴奋激素，因此会让大脑处于活跃状态，处于优势的交感神经则具有明显的提神作用。尤其睡前吸一根烟更是会严重影响睡眠，其与睡前喝咖啡带来的效果如出一辙。所有仍在吸烟的睡眠质量较差的人、睡眠障碍者、精神疾病患者以及想要提升自身状态的人首先要做的就是戒烟。

**睡前吸烟的三重负效应**

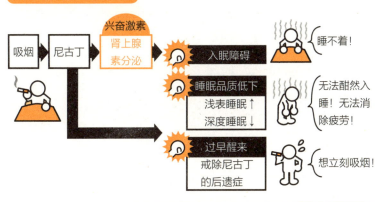

兴奋激素
肾上腺素分泌

吸烟 → 尼古丁 → 入眠障碍　睡不着！

睡眠品质低下　无法酣然入睡！无法消除疲劳！
浅表睡眠↑
深度睡眠↓

过早醒来　想立刻吸烟！
戒除尼古丁的后遗症

睡前 2 小时不要饮酒、看电视。

## 影响睡眠的罪魁祸首：蓝光和强光

最影响睡眠的习惯就是接触蓝光和强光。对于智能手机不离身的现代人而言，这可能是影响睡眠质量的最主要原因。所谓蓝光是指智能手机、平板电脑、个人计算机、电子游戏机、荧光灯等发射出的波长在380~500纳米之间的蓝光。蓝光之所以影响睡眠是因为其波长属于蓝天自然光波长，而灯泡的红光则属于夕阳光波长。沐浴红光可以令身体和大脑认为已经进入夜晚，从而刺激睡眠物质褪黑素分泌，全身活动逐步进入暂停状态，为睡眠做好准备。如果在日落后接触蓝光会让大脑误以为现在是白天而保持清醒，并抑制褪黑素分泌。

然而，在智能手机等电子设备已成为生活必需品的现代社会，想要在晚上杜绝使用此类设备并不现实。斯坦福大学的西野精治教授认为："睡前偶尔使用智能手机并不会影响睡眠，比起接触蓝光的时间人们更应该注意蓝光强度。"可见，睡前接触电子设备的时间过长才是症结所在。很多人会在睡前使用智能手机或看电视，而如果时间太长则会抑制褪黑素分泌。

蓝光驱除睡意

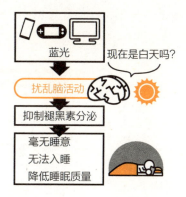

## 避免接触强光

不仅是蓝光，在夜晚接触亮度超500勒克斯①（lx）的强光及亮光也会抑制褪黑素分泌。如果在灯光明亮的公司加班至夜里12点，即便在凌晨1点回到家后也很难即刻入睡。另外，在回家途中长时间待在光照较强的便利店内同样会影响睡眠。

## 褪黑素的功效

那么，褪黑素有什么功效呢？褪黑素属于助眠物质，除了能催生睡意、加深睡眠、消除疲劳之外，还具有增强免疫力（预防疾病）、抗氧化（护肤）、加速新陈代谢（美容）、抗

---

① 　照度的国际单位。——译者注

肿瘤（激活NK细胞①）等功效，人们称为"长生不老的灵丹妙药"。为了刺激褪黑素分泌，需使其原料——血清素在日间充分分泌。

褪黑素的功效

如何刺激褪黑素分泌

催生睡意　加深睡眠　增强免疫力、
　　　　　　　　　　预防疾病

激活NK细胞

攻击

癌细胞

抗氧化　加速新陈代谢　抗肿瘤（激
（护肤）　（美容）　活NK细胞）

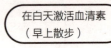
在白天激活血清素
（早上散步）

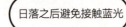
日落之后避免接触蓝光

调暗卧室光线

依赖电子设备的人士切勿将其带入卧室。

## 睡前应控制使用智能手机

　　智能手机会严重影响睡眠，除了蓝光的影响之外，还会引起人精神兴奋、造成依赖心理。因此，我们在睡前应尽量控

① 指自然杀伤细胞，是机体重要的免疫细胞。——编者注

制使用智能手机。

## 睡前减少使用智能手机

（1）睡前30分钟内仅使用5分钟智能手机

为了改善睡眠，最好在睡前2小时内不使用智能手机。但是，让"智能手机狂"们在睡前完全不使用智能手机甚为困难，那么我建议在睡前30分钟将智能手机的使用时间控制在5分钟内。在睡前只使用智能手机回复那些必要的信息，然后即刻关机，如此便能实现该目标。

（2）及时将智能手机关机

关机非常重要，唯有如此才能真正做到不使用智能手机。另外，还需关闭新消息的提醒功能，否则很难安然入睡。

（3）不将智能手机放置于卧室

如果你想获得优质睡眠就不要将智能手机放置于卧室，否则总会不由自主地使用智能手机。虽然目前暂无充分的科学依据证明电磁波会影响睡眠，但已有学者指出了相关的可能性。

（4）不在昏暗卧室里使用智能手机

我最不提倡的做法就是在灯光昏暗的卧室里看明亮的智能手机屏幕，因为当你瞬时接触蓝光时会让大脑清醒。

如果一定要在睡前使用智能手机和电脑，请使用以下模式或工具以尽可能地减少接触蓝光：①使用智能手机的夜间模式；②在智能手机或电脑屏幕上贴防蓝光膜；③佩戴防蓝光的眼镜。每个人对蓝光的敏感度不同，对于蓝光敏感者而言，只要做到在睡前2小时减少使用智能手机就能显著提升睡眠质量。如果你想改善睡眠，减少接触蓝光实为必要之选。

**睡前远离智能手机之四原则**

| 睡前30分钟仅使用5分钟 | 关机 | 不放置于卧室 | 最不提倡 在暗光中使用智能手机 |

 晚上请将智能手机设置为"防蓝光模式"。

## 定制最佳睡眠环境

睡前2小时应在何种环境中度过？如何调整卧室温度？最佳睡眠环境又是什么样的呢？

（1）选择光线昏暗的房间

睡前接触明亮的荧光灯会影响睡眠质量，因为荧光灯发出的光为蓝光，而灯泡或发光二极管（LED）灯泡的光线波长较接近夕阳光波长。睡前2小时应避免接触荧光灯，而选择灯泡照明。最好将卧室也改成用灯泡照明。市面上可以买到与直管型荧光灯同类型的LED灯泡。不过，当灯泡光照强度超过500lx时会抑制褪黑素分泌，所以选择有间接照明的昏暗房间更利于睡眠。

荧光灯影响睡眠的原因不仅限于蓝光，其照度过高也是影响因素之一。因此，在睡前选择待在光线昏暗的房间是较为理想的做法。

（2）保持卧室全暗

褪黑素属于厌光物质，即便在睡觉时点一盏小灯或是窗帘较薄导致光线渗入室内都会抑制褪黑素的分泌。如果卧室未能达到全暗，最好改为使用遮光性较好的窗帘。当褪黑素分泌受影响时，人的睡意会减弱，难以进入深度睡眠，从而降低睡眠质量。如果觉得全暗房间会加深你的恐惧与不安或是影响你半夜上厕所的安全性，可以安装非直射型的小夜灯。

**利于睡眠的环境**

（3）保持室温微凉

室温对于快速入眠至关重要。一般而言，夏季室温保持在25~26℃，冬季保持在18~19℃最为适宜。虽然18~19℃是体感较冷的温度，但是体内温度下降是深度睡眠的必要条件，略低的室温更益于提升睡眠质量。有人认为温热环境让睡眠更舒适，其实这种观念并不正确。很多人习惯在20~23℃的环境中入睡，如能在此基础上稍微降低室温将更有助于改善睡眠质量。

（4）寝具及睡衣的选择

选择适合自己的寝具及睡衣也能提升睡眠质量。不过，我们在改善睡眠时应按照主次顺序逐项落实。如果睡前长时间使用智能手机，即便躺在高档床垫上你也难以酣然入睡。另外，如果你觉得枕头高度太低，还可以使用卷起的毛巾调整枕头高度。

如果你想更好地改善生活习惯，获得极致睡眠，选择舒适的寝具与睡衣也不失为一种良策。

 保证优质睡眠的要素是暗光与微凉。

# 咖啡的"门禁"时间

　　很多人都知道喝咖啡会影响睡眠，那么喝咖啡的最晚时限是几点呢？最新研究证明，喝咖啡的最晚时限是下午2点，晚于该时间喝咖啡则会严重影响睡眠，因为咖啡因的半衰期是4~6小时，喝完咖啡5小时后还有一半咖啡因残留在人们的体内，而咖啡因的分解需要一定时间。另外，咖啡因的代谢存在个体差异，根据个人体质不同，实际半衰期在2~10小时之间，而且老年人的代谢能力更低。

　　有的人觉得自身对咖啡因抗性较强，即便夜晚喝咖啡也不会影响睡眠，那么事实究竟如何呢？美国韦恩州立大学利用睡眠测量仪进行研究时发现，睡前摄取咖啡因导致睡眠时间缩短1小时，然而所有实验对象中并无一人对此有所察觉。由此可知，个体很难察觉到咖啡因缩短睡眠的效应。咖啡因不仅影响睡眠，还会降低睡眠品质。那些自认为对咖啡因抗性较强的人也应该在夜晚避免摄入咖啡因。

　　除了咖啡、红茶之外，乌龙茶、可乐等茶或饮料中也含有咖啡因。一般来说，一杯咖啡（150毫升）中所含的咖啡因为90毫克，而一瓶乌龙茶（340毫升）中约含68毫克咖啡因，可见两瓶乌龙茶所含的咖啡因超过一杯咖啡。需要注意的是，虽然一罐可乐（350毫升）中仅含34毫克左右的咖啡因，但当一个喜欢喝可乐的人遇到饮料不限量的宴会时则非常容易过量摄入咖啡因。很多人习惯在疲倦时饮用能量饮料，该饮料不仅影响人们的睡眠质量、破坏醒时生物钟，还会加速血糖值上升，增加罹患糖尿病的风险。另外，低因咖啡中仍含有微量咖啡因，也不建议在夜晚饮用。

　　咖啡因代谢存在较大的个体差异。凡是患有睡眠障碍及失眠的人、长期服用安眠药的人以及睡眠质量较差的人，都应严格采取下午2点后不喝咖啡的措施。

**饮用咖啡的注意事项**

早上饮用咖啡
（提神醒脑）

咖啡因的"门禁"
时间是下午2点

咖啡因代谢存在
较大的个体差异

有人天生对
咖啡因敏感

对咖啡因抗性较强的人
也应避免在晚上喝咖啡

有些茶或饮料中
也含有咖啡因

　晚上应选择适合的香草茶 ① 及无咖啡因饮料饮用。

---

① 　一种健康养生茶，以植物香草的叶子为主要原料，有调理脾胃、助眠等功效。——编者注

# 益于睡眠的两个好习惯

获得优质睡眠的方法就是改掉影响睡眠的不良习惯、养成益于睡眠的好习惯。下面，介绍两个对睡眠极为有益的生活习惯。

## 洗澡

斯坦福大学里有一家世界知名的睡眠研究机构，该机构的西野精治教授提出洗澡是最有助于睡眠的方式，尤其建议睡前90分钟洗完澡（参考《斯坦福高效睡眠法》）。也就是说，如果想在夜里12点睡觉，就需要在10点半之前洗完澡。因为体内温度下降是进入深度睡眠的必要条件。体内温度与体表温度的温差越小，人的睡意越强。洗完澡之后，人的体内温度会在汽化热的作用下逐渐降低，进而可以在90分钟之后进入深度睡眠，此时生长激素会大量分泌，从而获得最佳睡眠。

一般而言，在水温40℃的浴缸里泡15分钟较为适宜。如果你习惯洗水温42℃左右的热水澡，则需在睡前2小时洗完，因为此时体温下降需要更长时间。在睡前2小时内洗热水澡会激活交感神经，从而导致失眠。如果受时间所限难以做到睡前90分钟洗完澡，则可选择简单而快速的温水淋浴。

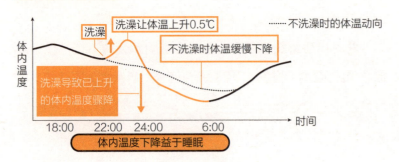

为何洗澡益于睡眠

（资料来源：《斯坦福高效睡眠法》）

### 运动

美国俄勒冈州立大学的研究显示，每周进行150分钟的运动能使人的睡眠质量提升65%，使日间睡意减少65%，使日间疲劳感降低45%，使专注力提升45%。也就是说，每天进行20分钟左右的运动（可选择快步走）即可显著提升睡眠质量。酣然入睡及深度睡眠对于消除疲劳、刺激生长激素分泌不可或缺。如果每周能够进行两次、每次45~60分钟以上的中高强度运动，便能刺激生长激素充分分泌。

那么，一天中何时运动最益于睡眠呢？美国阿帕拉契州立大学进行了相关实验，他们对实验对象在上午7点、下午1点、晚上7点这3个时间段运动后的睡眠情况进行了调查，其结果显示：上午7点运动的实验组的睡眠时间最长、睡眠深度最

佳，其与体力恢复相关的非快速眼动睡眠最大增加75%。由此
可知，最益于睡眠的运动时间为早上7点左右。

　　由于运动会使体温升高，而体内温度下降则需要一定时
间，因此应避免在睡前2小时内进行剧烈运动。只有亲身实
践方能深切体会到运动对于睡眠的促进作用。运动能加深睡
眠，让你早起时心情舒畅，哪怕偶尔一次的高强度运动，也能
让你切身体会到睡眠质量的提升。

**为何运动益于睡眠**

（资料来源：美国俄勒冈州立大学的研究）

 每天快步走 20 分钟，睡前 90 分钟洗完澡。

## 睡前应放松

虽然前文中提到睡前2小时应放松，不过，那些已经习惯智能手机及电视等视觉刺激型娱乐活动的人恐怕无法做到完全轻松，那么他们应该如何度过这段时间呢？下面介绍几种具体方法：

（1）洗澡

这是最益于睡眠的生活习惯，也是最佳放松方式。不过，你应有意识地做到睡前90分钟洗完澡。

（2）交谈、交流

无论是夫妻之间、父母或子女之间沟通，还是与宠物玩耍都是不错的交流方式。对话及身体接触能刺激催产素分泌，而催产素具有较好的放松效果，还能延缓心跳、激活副交感神经，让你由此顺利进入睡前模式。

（3）阅读

有科学研究已经证实阅读能放松身心、促进睡眠。选择内容较难的书更易激发睡意，而容易上瘾的小说、漫画等反而会妨碍睡眠。

（4）音乐

古典类舒缓音乐及海浪声等环境声具有放松效果，而节奏过强的音乐或较大音量的声音则会起反作用。

（5）蜡烛

最近，暖炉、炭火类照明取暖设备颇为流行。昏暗的红色火光能刺激褪黑素分泌，有利于身体做好睡眠准备。

（6）按摩

洗澡后在按摩椅上按摩几分钟也是不错的选择。放松肌肉利于血液循环，加速疲劳物质代谢，消除肌肉疲劳。

（7）香薰

香薰的放松效果也非常不错。尤其是在香薰机里滴入薰衣草、洋甘菊等香型的精油，其放松效果更佳，较益于睡眠。

（8）冥想、正念[①]

有论文指出：冥想、正念能激发睡意、提升睡眠质量。

（9）拉伸运动、柔韧性体操

通过放松肌肉而激发睡意。

（10）日记

睡前写三行"正能量日记"，保持愉悦的心情入眠。

―――――――

[①]　用特殊的方式集中注意力，有意识地、不予评判地专注当下，其与心理学结合发展出了正念疗法。——编者注

如何度过睡前2小时

视觉 蜡烛 阅读

注意水温 入浴

重要的是放松 悠闲、安适

嗅觉 香薰 触觉 按摩

听觉 音乐 环境音

无念 冥想、放空 正念

交流 夫妻 亲子 宠物

低强度运动 拉伸

回顾 写日记

制订个人专属的睡前事务。

## 增加睡眠时间是王道

对于工作繁忙的人而言，首先应该做到在一周内将睡眠时间增加1小时。如果觉得该目标难度过大，可以先坚持一周比平时早睡1小时，由此增加1小时的睡眠时间。其实，只需适当削减使用智能手机、看电视、玩电子游戏的时间，或者暂停一周家务活即可实现该目标。睡眠时间少于6小时的人的专注力、注意力、判断力、记忆力等脑机能会出现明显下降，其认知机能与作业能力也下降到熬夜时脑机能的同等水平。也许你觉得该结果不可思议，但已有研究证明认知机能下降的人往往意识不到自身的认知缺陷。

个体很难察觉到慢性睡眠不足引起的工作状态下滑。一旦无法正常完成工作就会加班，而加班过多则不得不削减睡眠时间，从而陷入恶性循环。同时，如果你的疲劳与压力无法得到及时缓解，就会经常感觉诸事不顺，而这一切都源于睡眠不足。

**睡眠不足引发的恶性循环**

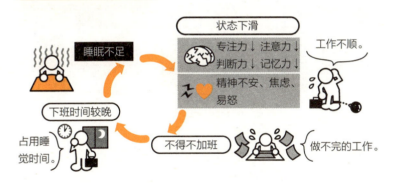

仅增加1小时的睡眠时间就能显著改善脑机能、提振工作状态、提高工作业绩、减少工作失误、提高工作效率，所以我们应该确保充足的睡眠时间。睡眠不足的人仿佛套上了沉重的脚镣，唯有去除它才能让精神面貌焕然一新。牢记"睡好觉才有好状态"，这会让你在改善睡眠的路上迈出坚实的一步。

我曾出版过多本商务图书，书中多次提到"增加1小时的睡眠时间是最为简单且有效的超强工作法"，这一点毋庸置疑。

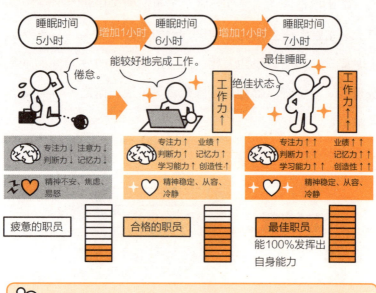

增加 1 小时的睡眠时间

增加 1 小时的睡眠时间是王道。

## 假日存觉有害健康

需要注意的是休息日长时睡眠不仅不能偿还睡眠负债，还会导致醒时滞后，让下一周的周一早起变得苦不堪言，从健康角度来看毫无益处。美国华特里德陆军研究所的研究显示，因平日里睡眠不足所积累的注意力下降问题用3天、每天8小时的睡眠也无法使之恢复至原有水平。那么，偿还睡眠负债需要多长时间呢？斯坦福大学以平均睡眠时间为7.5小时的8名身体健康的人为实验对象，让他们尽可能地多睡觉，3周后他们的睡眠时间固定为8.2小时。由此可知，仅0.7小时的睡眠负债就需花费3周才得以偿还。所以，积累已久的睡眠负债很难一次性彻底偿还，用周末两天还清负债的想法并不切实际。

有的人平日里的睡眠时间为5小时，每天早上6点起床，如果在周末睡到中午11点会怎么样呢？这会导致他已经固定的生物钟睡眠中间值滞后3小时，此种情况被称为"时差综合症"（Social Jet-lag）。如果他周一早上依旧6点起床就会产生3小时的时差，此时身心的不快与痛苦等同于凌晨3点起床时的状态。而且，周一早上状态不佳会直接影响他一整周的工作状态，生物钟紊乱正是早上状态不佳的直接原因，而校正生物钟则需花费数日时间，这样就到了周三、周四，而一到周末生物钟又会再次紊乱，如果不加以干预，这种紊乱状态会持续一年之久。

时差综合症会打乱人们的醒时与睡眠节律，影响工作状态，增加患病风险，对健康极为不利。为了避免生物钟紊乱，需将起床时差控制在2小时以内。如果平日早上6点起床，周末则需在8点前起床。如此方能将生物钟紊乱程度控制在最低水平，也能有效避免周一早上起床困难。

　　平时不熬夜、周末不睡懒觉，坚持每天相同时间睡觉、相同时间起床，以保证生物钟能规律运行。当身体状态较好时，大脑活力自然能得到有效提升。

**假日过度睡眠对健康有害**

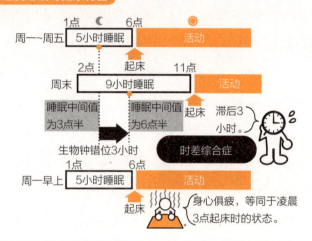

 睡觉易引发时差综合症，需将假日懒觉时间控制在 2 小时以内。

## 提升记忆力的睡眠法

　　关于人在睡觉时做梦的原因众说纷纭，其中较有力的说法是做梦是对记忆的整理与强化。为了加强日间记忆，需保证6小时以上的睡眠。美国哈佛大学的罗伯特·史蒂克戈德（Robert Stickgold）博士利用电脑图像连续7天跟踪分析了两组学生（"睡眠组"与"熬夜组"）瞬时回答问题的准确率，其结果显示：熬夜组的学习效果未有任何改善，而在睡眠时间为6小时和8小时的实验组中，后者的成绩更佳。史蒂克戈德博士由此得出结论：6小时以上的睡眠时间对于掌握新知识或新技能必不可少。另外，其他研究也证明了深度睡眠越多（即优质睡眠）的人，越能扎实掌握学习内容。如果想提升记忆力或运动能力，就应该保证6小时以上的睡眠，因为睡眠质量与记忆力呈正相关。

### 6 小时以上的睡眠时间利于掌握学习内容

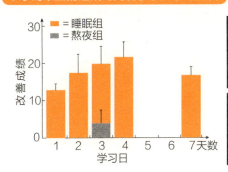

方法：从0天开始进行测试，连续7天跟踪"熬夜组"与"睡眠组"的成绩改善情况。

结果："熬夜组"完全没有改善，"睡眠组"有明显改善且效果能延续至7天后。

（资料来源：哈佛大学的研究）

很多人习惯在临近考试前熬夜学习，然而熬夜是最低效的学习法。比起不眠不休地学习，适当穿插睡眠更有助于加强记忆，提高考试成绩。而且，熬夜不仅无益于强化记忆，还会明显降低脑活力。

有人以操作复杂武器的士兵为对象进行研究，当士兵一晚不睡时，综合认知能力下降约30%，操作能力（运动能力）也出现一定程度的下降；当士兵两晚不睡时，认知能力下降60%。可见，临考时睡眠不足很难发挥出最佳水平，考试时不仅记不起复习内容，还会频繁出错，最终仅能发挥出自己70%的水平。所以，不要在考试前一天削减睡眠时间，反而应该好好地睡一觉。

**好好睡觉比不眠不休更利于提高成绩**

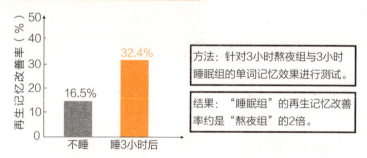

（资料来源：德国班贝格大学的研究）

睡眠可以提升记忆力，利于考试学习。

# 小睡利于清空大脑

平时睡眠不足的人可以在白天适当小睡，虽然不能完全缓解睡眠不足，但能在一定程度上改善专注力下降等大脑活力下降的问题，同时减少睡眠不足对健康造成的影响。根据美国国家航空航天局（NASA）的研究，白天小睡26分钟能使工作效率提高34%，使注意力提升54%。美国的谷歌等越来越多的大型企业开始将午睡室、睡眠舱等睡眠装置引入企业。

那么，小睡多久为宜呢？对于该问题的研究不胜枚举，一般认为小睡20~30分钟效果最佳。当小睡时间超过30分钟时，其效果会逐渐降低；小睡时间超过1小时，会对大脑活力及身心健康带来严重影响，因为小睡时间超过1小时会让人进入深度睡眠，醒来时也无法使大脑立刻恢复到正常状态，还会影响夜间睡眠。有研究证明，每天小睡30分钟以内能使罹患阿尔茨海默病的风险降至原来的五分之一，而小睡1小时以上则会使该风险增至原来的2倍。

男性工作者每周进行3次以上、每次30分钟的小睡，能使死亡率降低37%，使因心脏病而死的死亡率降低64%，同时还能降低糖尿病的患病风险。而另有研究指出，小睡超过1小时会导致糖尿病患病风险增加45%。

总而言之，每天小睡30分钟左右对于消除疲劳，预防阿尔茨海默病、心脏病、糖尿病极为有益，而小睡时间超过1小时则不利于健康。

**小睡的益处**

小睡20~30分钟　专注力↑业绩↑　消除睡意　提振午后状态

防病效果　阿尔茨海默病风险降至1/5　降低抑郁症风险　死亡率降低37%　因心脏病死亡的风险降低64%　糖尿病风险降低

现将小睡要点总结如下，给各位参考。

（1）30分钟以内

小睡20~30分钟效果最佳，切记不可超过60分钟。

（2）小睡前摄取咖啡因

小睡前喝一点咖啡、绿茶等饮料，其所含的咖啡因能在30分钟后发挥效果，帮助你自然醒来。

（3）尽量平躺

平躺效果最佳，如选择躺椅最好将躺椅的角度设定为60°，让身体处于最利于消除疲劳的放松状态。

（4）需结束于下午3点前

下午3点以后小睡会影响夜间睡眠，产生负面效果。

（5）30分钟用餐+30分钟小睡

当午休时间为1小时时，可花费30分钟用餐，再用剩余时间小睡，由此确保20~30分钟的小睡时间。

利用午休时间小睡可确保午后的状态。

## 如何快速驱散困意

你是否有过在开车时突然非常困的经历？即使嚼口香糖、喝咖啡也毫无效果。下面介绍一种用10分钟就能快速驱散睡意的方法，即立即停车休息10分钟。具体说来就是就近找一个合适的地方停车，闭眼趴着休息10分钟，这样做可以让之前的睡意随之消散。

大脑的清醒节律是保持90分钟左右的高度清醒状态，然后进入20分钟左右的低迷状态，之后会再次进入高度清醒状态，这种规律性变化会在一天中往复多次。"90分钟+20分钟"的节律变化被称为"超日节律"（Ultradian rhythm）。极度睡意即超日节律的临界反应（恢复反应），这种状态仅会持续20分钟。在最不清醒的时候，人的注意力、专注力也处于最低水平，很难应对突发情况，极易引发事故。所以，此时你应该立即停车休息，如果强行疲劳驾驶则很可能发生事故。

**超日节律**

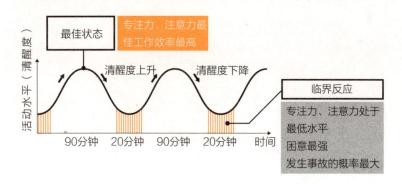

（资料来源：Rossi，Twenty Minute Break，1991）

超日节律是所有生物体都具有的一种天然性节律，你再怎么拼命抵抗、忍耐也无济于事。所以，与其徒劳抗争，不如老老实实地停下来休息。而且，此节律也深刻影响着你日常的工作与学习。相信很多人都有过这样的经历：当连续工作90分钟左右时会感到状态有所下滑，此时仅需稍事休息便能促使状态重新提升。从脑科学角度而言，这种"90分钟专注时间+15~20分钟休息时间"的工作模式极具科学性。

疲惫、困倦、无力，都是进入超日节律临界区的信号，适时休息能让下一个90分钟的状态更佳。我们要像冲浪者一样，让大脑活跃度常处于波峰，从而获得最高的工作效率。

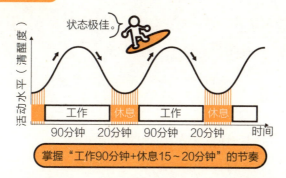

**超日节律工作法**

状态极佳

活动水平（清醒度）

| 工作 | 休息 | 工作 | 休息 |

90分钟　20分钟　90分钟　20分钟　时间

掌握"工作90分钟+休息15～20分钟"的节奏

 工作90分钟后立即休息，有利于长久保持大脑的最佳状态。

# 熬夜诱发基因突变

　　我们经常听闻"熬夜导致脑细胞死亡"的言论，那么事实究竟如何呢？有研究通过阻断老鼠5天睡眠，发现其脑下垂体中叶与多巴胺分泌相关的细胞发生死亡。另有研究通过阻断老鼠72小时睡眠发现海马区几乎不生成新神经元。当睡眠不足的状况持续时，压力激素——皮质醇开始分泌，高水平皮质醇会损伤甚至杀死海马神经细胞。虽然这些研究仅针对动物进行，但可以明确的是长期熬夜会导致脑细胞死亡且严重损伤脑细胞。

也许你觉得偶尔熬夜一次并无大碍，然而有多项研究指出，熬夜一次就会损伤大脑、身体及相关基因。

（1）增加阿尔茨海默病患病风险

·熬夜一次便可增加Aβ（阿尔茨海默病的致病物质）在脑中积累。

·熬夜一次便可导致Tau蛋白[①]水平增加50%。

（2）增加糖尿病患病风险，导致肥胖

·熬夜一次会损伤生物钟基因，导致人体抗糖化能力下降（增加糖尿病风险）。

·熬夜一次便会增加脂肪量、减少肌肉量。

本章伊始已详细讲解了长期睡眠不足对大脑及身体造成的损伤。不过，最新研究证明，仅熬夜一次便可增加阿尔茨海默病、糖尿病的患病风险，导致肥胖，而这些都是由基因突变所导致的。当然，长期睡眠不足的影响更严重。根据英国萨里大学的研究，睡眠不足状况长达一周时会影响引发炎症、免疫机能、压力应激等相关的711个基因，该数量占人体基因总量（约23000个基因）的3.1%。那么，此种基因突变能通过后期的充足睡眠修复，还是会长期影响身体呢？对此尚不知晓，不过有人指出其可能会长期对身心造成影响。

---

① 神经纤维缠结的主要成分，也是阿尔茨海默病等神经退行性疾病的标记物。——编者注

很多人觉得偶尔熬夜一次不会危害健康，然而睡眠不足导致的基因突变、细胞损伤及 Aβ 积累等却是不可辩驳的事实。总之，睡眠不足将给大脑造成器质性损伤。

**睡眠不足损伤大脑**

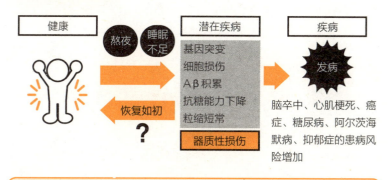

| 健康 | | 潜在疾病 | 疾病 |
|---|---|---|---|

熬夜　睡眠不足

基因突变
细胞损伤
Aβ 积累
抗糖能力下降
粒缩短常

**器质性损伤**

恢复如初？

发病

脑卒中、心肌梗死、癌症、糖尿病、阿尔茨海默病、抑郁症的患病风险增加

 仅一晚不睡就会损伤大脑。

## 夜班影响健康

在日本，医务人员、警务人员、客服中心服务员以及轮班制员工等夜班工作者不在少数。有调查显示，有1200万日本人从事夜班工作，即每10个日本人中就有1人上夜班。然而，夜班会给身体带来多种不利影响，不仅会诱发痢疾、食欲不

振等消化系统疾病，还会打乱睡时和醒时节律、引发睡眠障碍，无法充分消除疲劳。长期上夜班还会影响性激素分泌，使男性患前列腺癌的风险增加3.5倍、女性患乳腺癌的风险增加2.6倍。长期上夜班使癌症患病风险平均增加1.5倍，使脑卒中、心肌梗死等病症的患病风险增加2倍，同时还会增加高血压、糖尿病、高血脂等多种中老年疾病的患病风险。

如果连续上10年夜班，对健康的负面影响会升至极值，所以，希望现在上夜班的人切勿长期持续此种工作状态。下面介绍几种避免夜班伤身的方法：

（1）将生物钟调至与白班吻合

对于每周上一两次夜班的人而言，应努力将自身生物钟调至与白班时相吻合。

（2）灵活小睡

如果夜班时允许小睡，可择时灵活进行。小睡30分钟以内便可驱散睡意、改善注意力等；小睡2小时的睡眠周期约为90分钟，具有极佳的恢复效果。另外，在小睡时戴上眼罩能更好地入眠。

（3）注意日光

沐浴日光会令大脑清醒、睡意顿消，导致夜班工作者回家后无法入睡。因此，夜班工作者在外出时应佩戴太阳镜或在家中安装遮光窗帘以避免日照。

（4）珍视每次睡眠

确保睡眠质量对于消除疲劳至关重要，夜班工作者应在夜班日之外的时间里加强体育锻炼，尤其是高强度运动利于生长激素分泌，具有促进睡眠、消除疲劳的功效。

（5）放弃夜班

也许有人由于薪资较高而承担夜班工作，但夜班对于健康有百害而无一利，大家应尽量放弃此类工作。当然，某些特殊职业很难避免上夜班。随着年龄增加，夜班对身体的负担会逐渐加重，身体会越来越难适应睡时和醒时的节律变化。此时，要么更换为无夜班的工作，要么调去无夜班的部门，总之应寻找合适的机会尽快不再上夜班。虽然当今的事实情况是，如果没人从事夜班工作，整个日本社会就无法正常运行，但是关于长期上夜班给健康带来的恶劣影响，各位一定要做到心中有数。

贪恋加班费而上夜班无异于"卖命"。

## 严重打鼾者需注意

打鼾严重者请对照以下三点：①尽管每天的睡眠时间充足，白天却极易犯困；②打鼾非常严重；③有肥胖倾向。满足这三点者可能患有睡眠呼吸暂停综合征（Sleep Apnea Syndrome，SAS）。睡眠呼吸暂停综合征指睡眠过程中出现呼吸骤停数次的疾病，当呼吸在1小时内暂停5次以上且每次暂停10秒以上时，很可能患有睡眠呼吸暂停综合征。由于睡眠呼吸暂停综合征患者在半夜不得不惊醒数十次，因此白天极易犯困。而且，睡眠呼吸暂停综合征患者发生交通事故的概率也要比常人高7倍，曾经出现过因公交司机患有睡眠呼吸暂停综合征而引发死伤的重大交通事故。睡眠呼吸暂停综合征不仅会给自身安全带来隐患，还会牵连他人，绝不可等闲视之。

睡眠呼吸暂停综合征的患病率为成年男性3%~7%、女性2%~5%。半数以上40~50岁的男性都患有睡眠呼吸暂停综合征，而女性在闭经后的患病率也有所增加。

可见，每20~30个男性中就有1人患有睡眠呼吸暂停综合征，其患病率非常高。睡眠呼吸暂停综合征主要表现为打鼾严重、白天极易犯困、开车时易打瞌睡、起床时头疼、身体倦怠、半夜醒来数次、睡眠时呼吸骤停等。如果发现自己出现上述症状，应及时去呼吸科就诊。

睡眠呼吸暂停综合征不仅是呼吸类疾病，还会加重心脑血管的负担以及中老年疾病的患病风险，具体而言，会导致心肌梗死及脑卒中患病风险增加4倍、糖尿病患病风险增加2~3倍、高血压患病风险增加2倍。而且，该病最恐怖之处是会出现无呼吸导致突然死亡。睡眠呼吸暂停综合征患者的死亡率是常人的2.6倍，如果放任中重度患者8年不管，其中4成人极可能出现猝死情况。

只有对睡眠呼吸暂停综合征进行及时有效的治疗才能降低死亡风险，改善白天犯困的情况，提升工作效率。对此，我们切不可等闲视之。

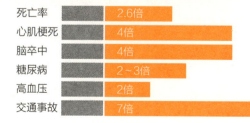

睡眠呼吸暂停综合征对健康及安全的严重影响

| | |
|---|---|
| 死亡率 | 2.6倍 |
| 心肌梗死 | 4倍 |
| 脑卒中 | 4倍 |
| 糖尿病 | 2~3倍 |
| 高血压 | 2倍 |
| 交通事故 | 7倍 |

睡眠呼吸暂停综合征的症状

打鼾
严重

白天极
易犯困

开车经常
打瞌睡

起床时头疼、
倦怠

特征

肥胖的40～
50岁男性

半夜醒
数次

睡觉时呼
吸骤停

如出现上述症状极可能已患
上睡眠呼吸暂停综合征！

 为了自身及他人的生命安全，切勿忽视打鼾。

## 助眠营养补充剂是否有效

　　助眠营养补充剂的相关广告屡见不鲜，那是否有效果呢？其中，最知名的助眠营养补充剂当属褪黑素。褪黑素具有诱发睡意、加深睡眠、调节免疫系统的功效，看起来其作为营养补充剂直接服用效果更佳，但事实并非如此。在其他国家的药妆店可以随时购得含有褪黑素的营养补充剂，然而该类型营养补充剂在日本并未获批，其原因在于安全性尚未获得专家的充分认可。

　　褪黑素属于激素类物质，一般来说，补充激素易导致身体生成激素的能力减弱。褪黑素在人们十多岁、二十多岁时分泌旺盛，在五十岁时分泌骤减，在六十岁之后逐渐停止分泌。有些国家将褪黑素作为针对老年人的药物使用，而十几岁、二十几岁的年轻人根本没必要服用。

　　日本厚生劳动省的官方网站上已明确提示"褪黑素营养补充剂在改善失眠方面并无明显效果"，从效果与安全性两方面考虑，的确不应该直接服用该类型的营养补充剂。

　　治疗睡眠障碍及失眠症最有效的方法就是改善生活习惯。无论是安眠药还是助眠营养补充剂仅能起到辅助睡眠的作用，对于消除根本性病因毫无作用。不努力改善生活习惯而只依赖安眠药、助眠营养补充剂的人，一旦不服用就无法入睡，难道你打算今后一直与这些药物为伴吗？总之，安眠药、助眠营养补充剂无法解决根本问题，首要任务是彻底改善生活习惯。

　　有时在改善生活习惯的过程中并不会立刻有效，也许每天仅能睡三小时的状况还会持续数周。此时，为了避免睡眠不足对工作造成影响，可偶尔在遵医嘱的前提下适当服用安眠药或助眠营养补充剂。另外，遇到工作非常繁忙、加班至深夜而次日还需正常出勤的情况或者需在规定期限内完成工作不得不熬夜加班等特殊情况时，也可以在遵医嘱的前提下适当服用安眠药或助眠营养补充剂。不过，需谨记的是，安眠药或助眠营养补充剂仅是救急之选，不可长期服用，仅为缓解眼下无法入眠之苦。从我的立场而言，完全不借助安眠药或助眠营养补充剂而通过改善生活习惯治疗睡眠障碍才是上上之选。

**治疗睡眠障碍**

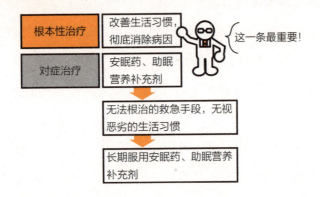

 助眠营养补充剂仅是救急手段，应彻底改善生活习惯。

## 何时适于服用安眠药

正常情况下，我们尽可能不要服用安眠药，不过，当失眠状况持续一周甚至两周时会对我们的健康造成不利影响，这时就需要去医院了。那么，具体而言，失眠恶化到何种程度应该去医院的精神科或神经内科接受诊治呢？

（1）严重失眠

严重失眠是指几乎无眠或每天仅睡3~4小时的状况持续一周以上，且因失眠导致白天工作受影响的情况。若严重失眠，你应该去医院的精神科或神经内科接受诊治。对于无法通过改善生活习惯治愈的顽固型失眠，其潜在成因多源于精神疾病，其中最有可能的就是抑郁症。通过精神科或神经内科医生的诊治，可以准确判断你的失眠症状是否是由精神疾病所导致的，而后有针对性地开具安眠药。

（2）精神疾病患者

对于已确诊的精神疾病患者，失眠时可服用安眠药辅助治疗。睡眠质量越好越益于疾病的早日康复，而无法入眠则会导致大脑得不到充分休息。

（3）身体疾病患者

身体疾病患者应优先治疗现有疾病，一旦失眠会影响疾病痊愈与体力恢复，可服用安眠药治疗失眠。

（4）通过改善生活习惯未能解决睡眠问题

如果用3个月彻底改善生活习惯而依然未能解决睡眠问题，白天时常犯困而影响工作和学习时，应去医院的精神科或神经内科接受诊治。有些特殊类型的睡眠障碍，例如睡眠呼吸暂停综合征、不安腿综合征<sup>①</sup>、昼夜节律性睡眠障碍等疾病需要专家来确诊。抱有特殊睡眠苦恼的人不妨去医院的睡眠医学科等与睡眠相关的精神科或神经内科接受诊治。此类精神专科能使严重失眠者在不依赖非处方安眠药的情况下进行治疗。

**睡眠障碍的病因与治疗**

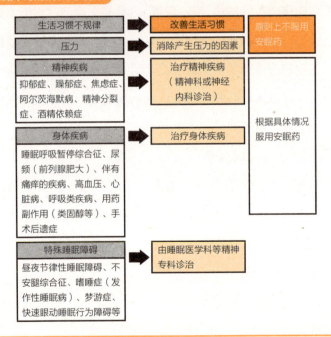

 非处方安眠药易导致药物依赖，应去专科门诊治疗。

---

① 一种主要累及腿部的神经系统感觉运动障碍性疾病。患者会在静息状况下出现难以形容的双下肢不适感，从而迫使患者有活动双腿的强烈愿望，且症状常在夜间休息时加重。——编者注

第二章

# 运动

## 用3分钟了解本章的主要内容

读者：桦泽医生，我的同事最近因患上抑郁症而在家休养，如果我能在他患病前有所察觉就好了，可我也总是忙于工作而无暇顾及其他事情。

作者：这的确让人担心，那么你的情况怎么样呢？

读者：我是不会患上抑郁症的，别人经常说我心大。不过，我偶尔也会胡思乱想、心情郁闷。

作者：这些细微征兆很可能关联着意想不到的疾病，请你多加注意。另外，运动对于预防精神疾病是非常有效的。

读者：运动？它与心理疾病之间有什么关系吗？

作者：运动对大脑极有益处，具有改善睡眠、稳定情绪、协调大脑物质、降低压力激素等多重功效。有研究显示：毫无运动习惯的人与每周运动1～2小时的人相比，其抑郁症发病风险增加44%。另有研究显示：中年人每周进行两次、每次20~30分钟的轻度运动，20年后患阿尔茨海默病的风险约降低三分之二。

读者：什么？运动能预防抑郁症和阿尔茨海默病，那对这两种病具有治疗效果吗？

作者：有的。有些运动可能具有药物疗法同等甚至以上的效果，对于抑郁症、阿尔茨海默病、焦虑症和恐慌症等可能具有药物疗法同等效果；对于精神分裂症、躁郁症、注意缺陷多动障碍（ADHD）等可作为药物疗法的辅助手段。

读者：原来运动已被用作医疗手段，我一直以为运动只是为了减肥或锻炼肌肉。

作者：有研究曾调查过日本人除感染病之外的死亡原因，排在第一的是吸烟，第二是高血压，你猜第三是什么？

读者：是饮酒吗？

作者：不是，第三是运动不足。由运动不足引发的循环系统疾病及癌症等造成的死亡人数已升至50000人。

读者：运动不足竟会置人于死地！

作者：随着生活习惯的变化，威胁现代人健康的疾病种类不断增加。当我们重新审视原始人的生活方式时会发现，他们为了一次狩猎可能要行走100千米，与之相比，现代人显然处于运动不足的状态。其实，运动不仅能预防身心疾病，还能健脑。

读者：健脑？这一点我很感兴趣。

作者：20多年前的研究发现，运动能刺激脑源性神经营养因子（BDNF）增加。脑源性神经营养因子是维护神经细胞必不可少的蛋白质，能提高人们的学习与记忆效果。前文中提到运动能预防抑郁症及阿尔茨海默病，而脑源性神经营养因子能调控情绪、阻止神经细胞死亡。此外，因其能抑制食欲，还具有减肥功效。

读者：原来运动的魔力如此之大。心血来潮时我也会在家进行简单的锻炼，这能称得上是运动吗？

作者：只要保证每周2小时以上的运动量，就能获得健康。无论是锻炼肌肉、快速冲刺跑等无氧运动，还是步行、慢跑、增氧健身等有氧运动均有效果。无氧运动能刺激生长激素分泌而消除疲劳，有氧运动能刺激脑源性神经营养因子分泌而激活大脑，如能将二者结合，堪称"天下无敌"。

读者：您一般做什么运动呢？

作者：我每周会进行4次、合计6小时左右的运动。目前已坚持练了4年的传统武术、5年的拳击、9年的加压训练，有时还会在跑步机上边跑步边审稿。尤其值得推荐的是在运动时用脑，这会让大脑异常灵活。最近，一种被称为"双重任务训练"的健身方式在精神医学领域引起了强烈反响。

读者：将运动与学习同时进行，真可谓一箭双雕啊！不过，我们这些普通员工很难有时间运动，平时回家都很晚，即便偶尔一次早回家也是累得不想动。

　　作者：你可以将运动巧妙插入日常生活中。例如，在工作间隙直线跑，舍弃电梯改爬楼梯，或者提前下车步行回家。"积极性恢复"（active rest）的理念是越是感到累时越应该做一些低强度运动以加速消除疲劳。

　　读者：我从明天就开始运动！我的办公室在10楼，今后我每天上下班都改爬楼梯，而且还要每天跑步、锻炼肌肉。

　　作者：不过要注意，过量运动反而对健康有害。如果在运动后感到异常犯困则需引起注意。我们应选定适合自己且能长期坚持的运动。

---

**小　结**

☑ 运动能预防抑郁症及阿尔茨海默病。

☑ 每周2小时以上的运动量视为有效。

☑ 运动时用脑能激活大脑。

☑ 繁忙人士应见缝插针地运动。

☑ 运动能刺激生长激素分泌从而消除疲劳。

## 运动的益处

运动有哪些益处呢？也许多数人的回答是减肥与保持健康。其实，运动的益处远不止这些，它能彻底改变你的人生，让你获得幸福。

据统计，运动的益处主要有15个，包括保健增寿、健脑益智、提高工作能力（即提高收入）、改善人际关系（即稳定情绪）、健美塑形等。可以说，人们希望获得的一切均可以通过运动实现。运动能刺激幸福物质——多巴胺及血清素分泌，从而产生幸福感，使自身状态得到空前提升，让你变得无所不能。

运动除了具有减肥、保健的作用之外，还能大幅提升包括专注力、注意力、创造力、学习力等在内的人的几乎全部大脑机能，会让你变聪明，从而显著提高工作能力。关于运动的这些隐性作用恐怕大家知之甚少，这是由于近十年科学研究才逐步证实运动对于大脑的深刻影响，因此一般人对此鲜有了解。

只要每周进行2~3小时的运动，便可享受到运动的巨大作用。如此简单而神奇的成功法则、"幸福灵药"实属世间难寻。如果大家尚有疑问，可参考下表中的科学依据及锻炼方法。

## 运动的15个益处

| | | | |
|---|---|---|---|
| 减肥 | ①瘦身、减重<br>燃脂（有氧运动）、加速基础代谢（锻炼肌肉） | 改善精神状况 | ⑩稳定情绪<br>缓解焦虑、避免易怒；<br>心情开朗；<br>心态积极向上；<br>协调血清素、多巴胺等脑内物质<br>⑪预防及治疗精神疾病<br>预防抑郁症、阿尔茨海默病；具有与药物疗法同等的效果（抑郁症）<br>⑫减压<br>减少压力激素（皮质醇）分泌<br>⑬趋于正向思维<br>趋于积极性思维方式及行动、激发斗志（睾丸激素）、增强自信、提升自我认同感 |
| 保健 | ②防病<br>能预防几乎所有的中老年疾病（糖尿病、高血压、脂质代谢异常①、癌症等），提升免疫力（预防感冒、传染病、癌症等）<br>③ 增寿<br>每天运动20分钟可使寿命延长4年半<br>④保持健康<br>预防跌倒、骨质疏松、骨折；通过直线跑提升身体柔韧性；预防受伤；预防因病卧床 | | |
| 健脑 | ⑤益智、提高工作能力<br>提升专注力、增强记忆力（包括短期记忆与长期记忆）；改善工作记忆（提高作业效率）；增加想象力、创造力<br>⑥提高学习成绩<br>提升专注力、记忆力，进而提高成绩<br>⑦防止大脑老化<br>让老年人大脑保持活力、避免健忘 | 提升魅力 | ⑭提升男性魅力<br>强健身心；增加肌肉；增强男性性功能、预防勃起障碍（ED）<br>⑮提升女性魅力<br>美容益智；美肤、塑形（强化深层肌肉）；抗 |

---

① 　指由于先天或后天因素造成的脂类或其代谢物在血液和其他组织器官中的异常状态。——编者注

续表

| | ⑧改善睡眠<br>酣然入睡；彻底改善睡眠；改善睡眠障碍、不再依赖安眠药<br>⑨消除疲劳<br>解乏、积极性恢复（疲劳时也应适当运动）、改善易倦体质、每天干劲十足 | 提升魅力 | 衰老；改善及预防便秘、寒症、围绝经期综合征 |
|---|---|---|---|
| 消除疲劳 | | | |

 运动益处多多。

## 运动不足的恶果

前文介绍了运动的益处。不过，有些人由于尚未养成运动的习惯，因此很容易导致运动不足。那么，日本究竟有多少人处于运动不足的状态，其恶果又是怎样的呢？根据日本厚生劳动省进行的国民健康及营养调查报告（2016年）显示，有运动习惯的人（持续进行一年以上、每周两次以上、每次30分钟以上的运动）的比例为男性35.1%、女性27.4%，即约7成日本人没有运动习惯。运动不足是继吸烟、高血压之后排在第三位的致死原因。据计算，每年约有50000日本人死于运动不足。

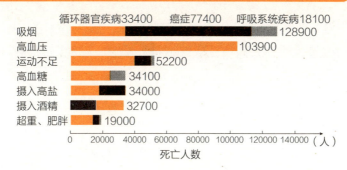

日本由与致死原因相关的非感染性疾病及其他原因造成的死亡人数

［资料来源：Ikeda N, et al: PLoS Med. 2012：9（1）：e1001160.］

很多人都知道运动益于健康，运动不足不利于健康，那么两者的影响力具体是怎样的呢？首先，我们看一下运动给健康带来的有利影响。每周进行1~2小时中强度运动能降低多少死亡率及患病风险呢？具体而言，能将心脏病患病风险降低27%~60%、癌症患病风险降低30%、糖尿病患病风险降低58%、阿尔茨海默病患病风险降低30%~50%、各类中老年疾病患病风险降低30%~60%。还有研究指出，坚持低强度运动便可降低30%的死亡率，每周进行150分钟的运动（适时加入中高强度运动）可降低50%的死亡率。

通过运动可将因病死亡率降低50%，而运动不足的人则承受着近2倍的患病风险，所以运动不足足以致死。另外，运动不足的人患抑郁症的风险比经常运动的人高44%，而每周运动2小时便可将阿尔茨海默病患病风险从1/2降至1/3。而且，运动还能改善睡眠，对于预防及治疗睡眠障碍及其他多种精神疾病也极具效果。

提起运动，人们往往联想到每天慢跑、定期健身等需要较长时间或必须有固定场所的项目，其实每天运动15~20分钟（快步走）就能收获健康。我们无须去健身房进行高强度运动，只需在日常生活中花些心思就能消除运动不足给健康带来的恶劣影响。

**运动能降低多少患病风险**

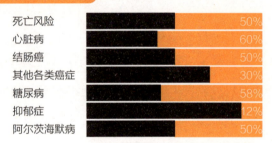

| | |
|---|---|
| 死亡风险 | 50% |
| 心脏病 | 60% |
| 结肠癌 | 50% |
| 其他各类癌症 | 30% |
| 糖尿病 | 58% |
| 抑郁症 | 12% |
| 阿尔茨海默病 | 50% |

注：1.该数据是每周进行1~2小时中等强度运动时的效果。

2.为了便于大家理解，选择多项研究中的较大数值制图。

 每天运动15分钟即可让死亡率减半。

# 快步走能增寿

　　每天运动多长时间能保持健康呢？关于运动的学术论文不胜枚举，其研究数据也较为庞杂。专家们经过对相关论文及数据的充分论证，制定了《世界卫生组织运动指南》。世界卫生组织将每周没有进行150分钟舒缓运动或75分钟剧烈运动的人定义为运动不足，并建议人们进行超过以上强度及时间的运动。

　　世界卫生组织的标准远超日本厚生劳动省的标准，而满足该标准的日本人仅占20%，即80%的日本人都处于运动不足的状态，这意味着他们背负着患各类疾病的风险。也许有人觉得每周运动150分钟的难度过大，不过平均到7天也就相当于每天运动20分钟左右。因可以进行舒缓的有氧运动，所以选择快步走便可达标。每天进行20分钟快步走便能保证最低限度的运动量，因此完成这个目标并不困难。

　　请想一下你每天去公司需要走几分钟？如果从家到车站或从车站到公司需要走10分钟的话，往返一次就是20分钟。今后你仅需将闲散漫步变成快步走便能确保每周的最低运动时间。相关机构对日本群马县中之条町的5000名居民进行20年追踪调查后发现，每天行走8000步（包括20分钟快步走）能有效预防糖尿病、高血压、癌症、心脏病、脑卒中等常见中老年疾病以及抑郁症、阿尔茨海默病等精神疾病。

中国台湾卫生研究院针对60万人进行研究（连续8年追踪调查）发现，每天进行15分钟运动（或每周进行92分钟运动）的人的平均寿命与运动不足者相比约长3年，每天运动30分钟的人的平均寿命比运动不足者约长4年。

由上可知，运动对降低死亡率的效果堪比戒烟。看到上述数据后，依然会有很多人以因工作繁忙而无暇运动为借口而推脱。那么，让我们参考中国台湾的研究结果进行粗算，每天运动15分钟、坚持8年（43800分钟）能延长3年（1576800分钟）寿命，用增寿的时间除以运动时间就得出"运动1分钟增寿36分钟"的结论。反过来想，如果你不愿意花1分钟运动就会减寿36分钟。

其他类似的研究还有很多，如美国国立癌症研究所对65万人以上的数据进行分析时发现，每天快步走10分钟的人与没有运动习惯的人相比，寿命延长1.8年，每周快步走150分钟的人寿命能延长4年半。

总之，每天快步走20分钟便可减少患多种中老年疾病的风险，并能增寿4年半。即便你平时无暇运动，只要每天能拿出10分钟或15分钟运动一下，就能达到保健增寿的效果。

最低限度的运动无须去健身房也无须花费大把时间，只需加快日常步行速度。相信大家从今天起就能快步走起来。

**仅 20 分钟快步走即可保证健康**

拖拉着脚走　　快步走

每天20分钟

消除运动不足

预防中老年疾病

延寿4年

运动 1 分钟便可增寿 36 分钟，请从今天开始改为快步走上班吧。

## 三项最佳有氧运动

为了让更多人了解如何运动，下面介绍三种最有效的有氧运动。

### 步行、跑步

最基本的有氧运动就是步行与跑步，即走路、慢跑、赛跑。此种运动不限场地、时间，无需额外花费，谁都能参与。我们可以根据自身体力调整速度与距离，只需每天进行20分钟的快步走就能完成确保健康的最低运动量，体力充沛的人还可追加全速快走。你可以通过提高跑步速度、延长跑步距离调整运动的强度与量。

### 室内自行车训练

有些人因为身体原因或患有精神疾病而无法外出，有一种适合在家进行的且能达到运动强度、完成运动时间的有氧运动——室内自行车训练（动感单车），即在室内进行蹬车练习。该运动能减轻腰膝酸软的老年人的体重负荷，同时降低步行摔倒的风险，还适合患有抑郁症等无法外出的精神疾病患者进行。室内自行车看起来很贵，其实在网上仅需10000~20000日元便可买到。

在蹬车练习中可穿插数次每次6~30秒的全速快走，体力好的人可快走30秒，体力不佳的人或老年人可根据自身情况快走6秒，这样更能显著提升运动效果。

### 健身操

步行、跑步及室内自行车训练的优点是入门容易，缺点是单调、乏味、用脑较少。谈到激活大脑的运动，非健身操莫属。由于练习者在教练的指示下要随时改变双手、双脚的动作，因此大脑的参与度很高。随着节奏起舞能让人倍感愉悦，伴奏乐一旦开始播放就难以中途停下，因此即便意志力薄弱的人也很容易坚持下来。

此外，还可在健身房以及文化中心、体育馆等场所进行增氧健身训练，其价格便宜，人人均可参与。如今，拳击练习、格斗练习等增氧健身运动已成为很多健身房的训练课程项目。

　　以上是我推荐的三项较有效的有氧运动。总而言之，选择让自己感到快乐而有趣的运动并坚持下去才最重要。

**三项较有效的有氧运动**

**1.步行、跑步**

· 根据自身体力决定强度。
· 首先每天运动20分钟。

**2.室内自行车训练**

· 减轻腰膝负担。
· 可在家进行。

**3.健身操**

· 通过运动激活大脑。
· 愉悦身心。

 找到适合自己的、提振情绪的有氧运动。

## 碎片时间运动法

尽管运动很重要，但很多人还是会以因工作繁忙而无暇顾及为借口不去运动。下面介绍5种运动，让繁忙的商务人士可以利用碎片时间有效地进行运动。

### 快步走通勤

快步走相当于中等强度运动，只需将每天上班时的步行变为快步走，就能实现一天运动20分钟的目标，继而摆脱运动不足。该运动无须专门预留时间，只需有效利用通勤时间便能确保每天最低的运动量，可以给你带来增寿4年半的巨大益处，估计世上再也找不到如此简单而有效的保健法了。

### 爬楼梯

在你上班途中的车站或办公场所里肯定有楼梯，此时只需舍弃电梯，改成爬楼梯，便能获得较大运动量。爬楼梯的运动量是平地行走时的2~3倍，能消耗巨大能量。如能快步爬楼梯，则会进一步加大运动量甚至让你感到呼吸困难。当你在公司要移动两三层楼的距离时，不妨不乘电梯、电扶梯而改成爬楼梯，如此一来，一天累计的运动量会进一步增多。

## 蹲起练习

"有氧运动+肌肉训练"是最佳运动法，我们应尽可能在日常生活中加入至少1~2分钟的肌肉训练。蹲起练习是一种大负荷型肌肉训练，无需任何器具，也不限地点和时间。每当我连续工作1~2小时之后，就会立即起身做10次蹲起练习，即下蹲达到膝盖成直角的幅度并认真重复10次，便能获得较大运动量。虽然仅运动1~2分钟，却能充分转换心情，显著提升专注力，让你的后续工作更加高效。公司职员可选择卫生间、楼梯间、开水房、会议室、打印室等场所的无人时段进行10次蹲起练习，如此便实现了有效运动。

## 外出吃午餐

每逢午休我都会选择在外就餐，一般会去需步行5~10分钟的咖啡馆或快餐店。"步行时间在5~10分钟"这一点至关重要，如果将步行改为快步走，往返一次就是20分钟，如此便能在午休时完成当日最低运动量。习惯带饭的人可将便当拿到公司附近的公园用餐，蓝天碧树的环境会让你的心情更加舒畅。

## 提前一站下车步行回家

建议你在下班回家途中提前一站下车，然后快步走回家。

一站距离需步行15~20分钟，恰好是不远不近的适中距离。

如上所述，无论工作多么繁忙，只要你花些心思就能挤出时间运动。很多人误以为运动就是慢跑30分钟或者去健身房运动1小时。其实，运动初期能确保每天的最低运动量即可。每天快步走20分钟即可让你的身体呈现出翻天覆地的变化。

**碎片时间运动法**

快步走通勤　　爬楼梯　　蹲起练习　　外出吃午餐　提前一站下车步行回家

 越忙碌越应该挤出时间去运动。

# 有氧运动与无氧运动

有氧运动与无氧运动孰优孰劣是一个关于运动的无法回避的问题。从结果来看，这两种运动均有益处。那么，有氧运动与无氧运动的具体种类都包括什么呢？有氧运动包括步行、慢跑、游泳、骑行等伴随剧烈呼吸的运动；无氧运动包

括肌肉训练、冲刺跑、力量训练（举哑铃）等需要短暂停止
呼吸的运动（为了便于理解，本书将无氧运动简称为"肌肉
训练"）。

有氧运动与肌肉训练的效果差异较大。有氧运动能刺激
脑源性神经营养因子分泌从而激活大脑，还能刺激生长激素分
泌从而起到燃脂效果。肌肉训练能刺激男性激素——睾丸激素
及生长激素分泌，从而强健肌肉骨骼、提升基础代谢、增强身
体基础机能。

以前大众普遍认为有氧运动能刺激生长激素分泌而肌肉
训练无此效果，脑源性神经营养因子只能通过有氧运动分泌而
非肌肉训练。然而，最新研究证明，短时、高强度的肌肉训练
能分泌大量生长激素与脑源性神经营养因子。也就是说，有氧
运动与肌肉训练各有优势，将两者结合能显著刺激生长激素分
泌，其燃脂、保健效果也将提高数倍。《世界卫生组织运动指
南》建议大家在每周进行150分钟以上中等强度有氧运动的基
础上，每周加上两天以上的全身肌肉力量练习，即有氧运动与
肌肉训练均不可忽视。

那么，在进行有氧运动与肌肉训练时，应该先进行哪个
呢？答案是："肌肉训练在先，有氧运动在后。"在一定强度肌
肉训练之后的半小时或数小时之内，生长激素会持续分泌。仅
5~10分钟的肌肉训练也能充分刺激生长激素分泌，所以在此

之后进行有氧运动能使生长激素从运动开始时便分泌，从而起到燃脂效果。如果单独进行有氧运动的时间达不到20~30分钟，生长激素便不能充分分泌，只有将肌肉训练和有氧运动结合才能大幅提升运动效率。

**有氧运动与无氧运动（肌肉训练）的区别**

| 比较项目 | 有氧运动 | 无氧运动<br>（肌肉训练） |
| --- | --- | --- |
| 运动性质 | 伴随剧烈呼吸的运动 | 短暂停止呼吸的运动 |
| 具体种类 | 步行、慢跑、游泳、骑行 | 肌肉训练、冲刺跑、力量训练 |
| 激素分泌 | 刺激脑源性神经营养因子及生长激素分泌 | 刺激睾丸激素、生长激素分泌（脑源性神经营养因子分泌） |
| 显著效果 | 健脑、稳定情绪 | 强健体魄、强化肌肉及骨骼 |
| 减肥效果 | 燃脂 | 提升基础代谢 |
| 负荷 | 中低强度 | 高强度 |
| 体质要求 | 持久力（慢肌） | 爆发力（快肌） |
| 需要时间 | 长时 | 短时 |

 "蹲起练习 + 快步走"可以实现运动效率的最大化。

## 生长激素的功效

运动的好处不计其数，其最显著的优势是刺激生长激素、脑源性神经营养因子及睾丸激素分泌，这些物质不仅能让我们青春永驻，还能改善我们的心脑状态、强健体魄，堪称奇迹物质。

首先，介绍一下生长激素。生长激素可以帮我们及时修补身体中的受损"路段"。具体来说，它能修复损伤细胞、激活新陈代谢、实现细胞的新老交替，还能消除疲劳、提高免疫力、强化作为身体基础的肌肉与骨骼，让身体始终保持年轻。

一旦生长激素分泌不足，身体中的受损"路段"就会加剧破损，长期放任不管很可能引发重大事故，亦如运动不足时的身体状态。生长激素在人的青春期至20多岁时，可无条件旺盛分泌，当人一旦超过30岁，生长激素的分泌量就会骤减，超过50岁时仅能微量分泌。年轻人肌肤光润并非年龄所致，而是源于生长激素的大量分泌。如果在中老年时也能保证生长激素充分分泌，其皮肤及内脏就能依然保持年轻状态。

**生长激素的功效**

1. 燃脂、减肥
2. 增加肌肉、提升肌肉力量
3. 强化骨骼
4. 加速新陈代谢、美肌
5. 抗衰老
6. 提高免疫力
7. 消除疲劳
8. 预防糖尿病

促进生长激素分泌的方法只有两种——睡眠与运动。不过，通过睡眠分泌的生长激素有限，如果想进一步刺激其分泌、让身体保持年轻，除了运动别无他法。只要运动起来就能刺激相应量的生长激素分泌。

**生长激素分泌水平随年龄变化的趋势**

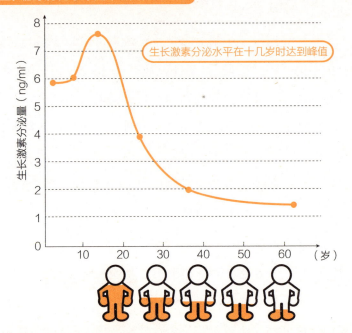

生长激素分泌水平在十几岁时达到峰值

 唯有运动才能让身体保持年轻。

## 如何刺激生长激素分泌

那么，如何通过运动刺激神奇激素——生长激素分泌呢？

（1）只要运动就会分泌

我们在以前的书中经常能看到"进行超过30分钟、中等强度以上的有氧运动能刺激生长激素分泌"之类的言论。然而，最新研究证明，即便是5~10分钟的低强度运动也能刺激生长激素分泌，只不过分泌量较少而已。除有氧运动之外，无氧运动（肌肉训练）也能充分刺激生长激素分泌。与有氧运动相比，短时高强度的肌肉训练能在较短时间内分泌更多的生长激素。其实，我们不必拘泥于运动的种类、强度及时间，只需记住"只要运动就能刺激生长激素分泌"，首先要做的就是逐步增加自己的运动量。

（2）在感到吃力时分泌

生长激素会在疲劳物质（乳酸）的刺激下由脑下垂体前叶分泌，即疲劳物质越多其分泌越旺盛。从运动角度而言，略感吃力的中等强度运动要比低强度运动更易刺激生长激素分泌。不过，当有氧运动的强度过高时会转换为无氧运动，生长激素分泌量反而会下降，所以有氧运动的强度以略感吃力为宜。

（3）肌肉量较多时分泌

用同样的时间进行同种运动时，肌肉含量越多越易生成疲劳物质，也就越能刺激生长激素分泌。所以，我们应该想办法增加自身肌肉量，因为日常肌肉训练对于充分刺激生长激素分泌不可或缺。

（4）空腹

生长激素的作用之一是提高血糖值，即空腹时更易分泌，而饱腹（血糖值较高状态）则会抑制其分泌。不过，在极度空腹的状态下进行肌肉训练，皮质醇水平高就会分解身体中的肌肉（蛋白质流失），所以应适量补充碳水化合物、氨基酸等以避免训练前严重空腹。补充能量后的2~3小时是血糖值不高不低的状态，正是运动的最佳时段。

（5）间歇训练

显著刺激生长激素分泌的方法就是重复中高强度运动与低强度运动（短时休息）的间歇训练。

苦撑之时正是生长激素分泌的良机。

## 心率与燃脂

慢跑与步行，哪种运动最具减肥效果？也许很多人都认为是前者，然而最具减肥效果的运动，即最燃脂的运动是快步走。大多数人认为越剧烈的运动越容易瘦下来，其实这种想法并不正确。同样用30分钟时间进行慢跑与步行，后者消耗的热量是前者的两倍左右。不过，当距离相同时，比如从提前一站下车的车站到家的距离（3千米），慢跑15分钟与快步走30分钟所消耗的热量基本相同。

我们总觉得赛跑、慢跑等快速运动能燃烧更多的脂肪，然而事实是有氧运动利用脂肪耗能，而无氧运动则利用葡萄糖耗能。跑步基本为有氧运动，但速度加快时其无氧运动的参与度更高。下面列出几项运动所消耗的脂肪与葡萄糖的大致比例：

步行：6∶4。

慢跑：5∶5。

赛跑：4∶6。

由此可知，虽然赛跑看上去最具燃脂效果，但是步行才是燃脂率最高的运动。另外，还有运动持续时间的问题。绝大部分健康人都能做到以每小时4千米的速度步行60分钟，如果是以每小时8千米的速度跑30分钟的话，除了有锻炼基础或体力较好的人，其他人则很难做到。对于没有运动习惯的人而言，慢跑、赛跑都属于较为剧烈的运动，很难长期坚持，而有可能保证一定运动时间和运动量的运动非步行莫属。

**耗能比较**

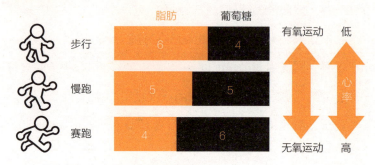

注：以上数据仅为估值，实际数据随跑步速度、心率、肌肉含量等个体差异而变化。

那么，运动时的心率达到多少最能燃脂呢？答案是进行中等强度运动时的心率。请按下列公式计算你在进行中等强度运动时的心率，即最具燃脂效果的心率。

**中等强度运动时的心率计算方法**

（1）测算静止时的心率

在保持 5 分钟以上静止状态下测算 1 分钟的心率（A），可以用表测定手腕脉搏跳动的次数。

（例：68 次 / 分钟。）

（2）计算最大心率

最大心率（B）=220- 年龄

（以 54 岁为例，最大心率 =220-54=166。）

（3）中等强度运动时的心率

（B-A）×0.5+A

［例：（166-68）×0.5+68=117。］

　　不知大家是否已经算出来当运动时心率达到多少时最具燃脂效果，即进行快步走等运动时如能达到此心率，则最具减肥效果。建议大家在健身房中的跑步机上跑步时佩戴可以测量心率的智能手环，在锻炼时可以以中等强度运动时的心率为目标行走1分钟左右，并让身体记住此时的运动强度。另外，我们还可以以"能否对话"为标准检验运动效果。一般而言，在运动时"稍感吃力但勉强能与人对话"的强度为中等运动强度；而"完全无法与人对话"时的运动强度已进入无氧运动阶段。实际上，尚未达到慢跑的快步走已属中等强度运动。

　　本书已多次提及"中等强度运动"一词，请大家通过上述心率计算公式实际体验一下，如此一来，其他一般的运动会瞬间变得无比轻松。让自己稍感吃力的中等强度运动不仅能刺激生长激素分泌，对于减肥、保健也极具效果。

**掌握运动强度**

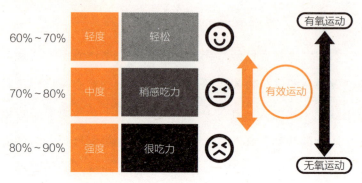

占最大心率的比例

|  |  |  |  |  |
|---|---|---|---|---|
| 60%~70% | 轻度 | 轻松 | ☺ | 有氧运动 |
| 70%~80% | 中度 | 稍感吃力 | 😣 | 有效运动 |
| 80%~90% | 强度 | 很吃力 | 😖 | 无氧运动 |

## 短时运动是否有用

有本书上写道："为了刺激生长激素分泌需进行20~30分钟以上的有氧运动，因为脂肪是在运动20~30分钟之后才开始燃烧的。"然而，最近有研究证明，10分钟左右的低强度运动便能刺激生长激素分泌并燃烧脂肪。当然，增加运动的强度与时间（20~30分钟）能获得更明显的燃脂效果，即便是5分钟、10分钟的短时运动也具有减肥、保健（降低患病风险）的功效。另外，做家务也能产生一定运动量，具有一定的减肥、保健功效。

我们并非只能通过大量运动减肥（燃脂），在条件有限的情况下，短时运动或做家务也能起到相应效果。总之，只要动起来就能收获成效。

> 快步走比慢跑更加燃脂。

## 运动健脑

　　我认为"运动可以健脑"是运动带给我们的最大益处。不过，绝大多数人运动仅以减肥为目的，因此很难开始并坚持下去。很多研究显示，有氧运动能提升包括记忆力、专注力、学习能力、执行力、创造力、想象力等几乎全部大脑机能，而且这些优势并非仅在运动中或运动刚结束时获得，对于有运动习惯的人而言，即便在不运动时也能持续获得这些益处。对于备考生而言，记忆力得到提升就意味着学习成绩提高；对于职场人士而言，专注力及头脑灵活度的提升就意味着工作效率显著提高。其实，每周数小时的运动便可获得这些成效。

　　如果想提高孩子的学习成绩，就让他们去运动；如果想提高自己的工作业绩、获得他人认可并得到晋升、涨薪的机会，就去运动。有很多关于运动健脑、提高学习成绩的研究，在此介绍"零点体育课"实验。该实验的内容是在美国的内珀维尔区，学校将每天的第一节课改成了体育课，最终该区孩子的学习成绩位列全美榜首，并且在国际学习能力比赛中获得冠军。

那么，运动为何能健脑呢？其原因在于有氧运动能刺激脑源性神经营养因子（脑源性神经营养因子）分泌。脑源性神经营养因子对于神经细胞的生成、存活、成长及神经元突触机能亢进等相关脑细胞的增加与维护而言必不可少，也是培育大脑并使之成长的必要养料。

<h3 style="text-align:center">脑源性神经营养因子的作用及功效</h3>

| 作用 | 功效 | |
|------|------|------|
| 生成新神经元 | 促进生成海马区神经元<br>强化记忆力、学习能力 | 健脑 |
| 连接神经元 | 神经可塑性亢进、促进形成神经元突触<br>促进及强化大脑网状结构<br>强化学习机能<br>促进认知机能、预防阿尔茨海默病 | 健脑 |
| 保护神经免受损伤 | 保护神经细胞并使之再生、存活<br>阻止神经细胞死亡<br>防止大脑老化、预防阿尔茨海默病 | 防止老化 |
| 稳定情绪 | 预防及治疗抑郁症及其他精神疾病 | 改善精神状态 |
| 抑制食欲及血糖 | 作用于食欲中枢以管控食欲<br>抑制血糖、改善糖代谢、预防糖尿病 | 减肥 |

有人认为聪明与否是天生的，这种想法并不正确。如果能够坚持运动，你的大脑就会聪明起来。这不仅限于年轻人，对于六七十岁的老年人也同样适用。

　　为了刺激脑源性神经营养因子分泌，进行一定程度的高强度运动效果更好。如果能够在每天进行快步走等中等强度运动的基础上，每周追加2～3次略高强度的运动，会进一步有效刺激脑源性神经营养因子分泌。

**刺激脑源性神经营养因子分泌的运动**

· 低强度运动（慢走）几乎不分泌。
· 越是高强度运动分泌量越多。
· 长时间运动分泌量增多。
· 不限于有氧运动，一定强度的肌肉训练也能分泌。
· 肌肉训练比力量训练更利于其分泌。
· 每天运动比隔天运动更利于其分泌。
· 养成运动习惯更利于其分泌。

　　养成运动习惯不仅利于身体健康还能提升大脑机能。

## 运动增强应变能力

　　前文讲了运动的健脑效果，不过在跑步机上一个劲儿地

跑步虽可使大脑提升活力，但其健脑效果并不明显。为了刺激脑源性神经营养因子充分分泌，实现健脑效果的最大化，需要将有氧运动与大脑训练结合起来，所以单调的重复性运动并不可取，越是复杂、多变、需要随机应变的运动，其健脑效果越好。

美国索尔克研究所进行过一项研究，将一只老鼠放入空箱中，除了吃东西不让老鼠做其他事。之后，将老鼠转移至有同伴的，并设置有隧道、车轮、水池等各种攀登器具的宽敞笼子里，仅45天之后，该老鼠的海马区容量就增加了15%。

美国伊利诺伊大学进行的研究是将老鼠分成两组，让其中一组老鼠仅跑动，让另一组老鼠进行翻越障碍物、行走平衡木等复杂运动的训练。两周之后，第一组老鼠未有任何变化，而第二组老鼠小脑的脑源性神经营养因子的分泌量增加了35%。

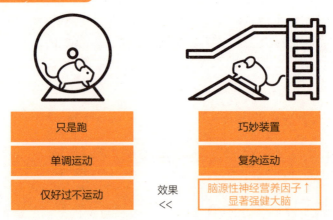

复杂运动强健大脑

| 只是跑 | 巧妙装置 |
|---|---|
| 单调运动 | 复杂运动 |
| 仅好过不运动 | 脑源性神经营养因子↑ 显著强健大脑 |

效果 <<

### 三种最为健脑的运动

我们平时从事何种运动最具有健脑效果呢?

(1)复杂型赛跑

在室内用跑步机跑步是最不用脑的一种运动,因为跑步时周围景物不变,运动过程也很单调。在运动时间相同的前提下,选择在室外跑步效果会更好。数年前在东京流行绕日本皇宫跑步,一圈的距离为5千米左右,很容易完成。不过,每天重复同样路线并不足以充分刺激大脑,我们应尽量变换跑步路线,充分刺激大脑。比起在城市楼宇之间跑步,在大自然中跑步能让我们的心情更舒畅,周围景物也更富于变化。在郊外或乡村的林间跑步要比在城市公园中跑步的效果更好,而在无路的野外环境中进行越野跑则效果最佳,因为途中的倒木、石块需要跑者快速做出判断,从而激发出我们身上的生存本能。所以,在《医生最想让你做的事》(*Go Wild*)书中将越野跑认定为最健康的运动习惯。

你也可将跑步改为快步走,同时根据自身体力情况调整速度。

**增加跑步的复杂性**

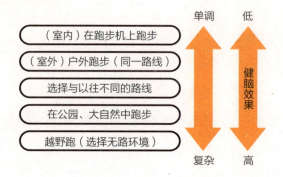

（2）跳舞

老年人也可完成的具有一定难度且健脑效果较好的运动就是跳舞。有实验让60~94岁的老年人上半年的舞蹈课程（每周1小时），结果发现，这些老年人的流体智力、短期记忆、控制冲动等认知能力提高13%，手部协调能力提高8%，姿态保持及平衡能力提高25%，而没有跳舞的对照组的上述机能均出现下降。由此可知，跳舞能提高运动机能与认知能力。

交谊舞、探戈、爵士舞、萨尔萨舞①、草裙舞等所有舞种均有此效果，另外，在健身房跳的健身操也具有此功效。就双人舞而言，当男性随着音乐迈出舞步时，女性需瞬间领会男性的意图继而迈出正确的舞步，这需要双方具备一定的随机应变能力，而且跳舞需要双手、双脚进行不同运动，跳过几首乐曲

---

① 一种拉丁风格的舞蹈。——编者注

后便可以产生较大的运动量，堪称有百利而无一害的极佳运动。我的母亲已年逾80岁，她一直在跳民族舞，尽管她觉得根据不同乐曲变换舞姿很有难度，但这种难度正是锻炼大脑的绝佳途径。

（3）格斗、武术

说起健脑的运动，必然要提到格斗和武术，两者均属于用到双手、双脚且动作各不相同的运动。在运动时为了躲避对方的攻击，必须要有相当程度的应变能力。该运动包含肌肉训练与有氧运动两方面要素，乃是上乘之选。

纽约的霍夫斯特拉大学进行了一项研究，让8~11岁患有注意缺陷与多动障碍的孩子进行两周的武术练习，与进行普通有氧运动的孩子相比，前者的行为能力及成绩等指标出现了明显改善（与完全不运动的实验组相比，这两组实验对象的改善效果极为明显）。参加武术练习的孩子与对照组相比，其完成作业及预习的情况较好，学习成绩也有所提高，而且他们变得更守规矩，很少出现离席乱跑的情况。

我一直在学习传统武术，每次学习新招式时必须用2小时掌握，以充分用脑。通过边看边学师父的动作而进行练习以激活镜像神经元[①]。我在练习时一边调整双手双脚的位置、用力

---

① 功能是反映他人的行为，使人们学会从简单模仿到更复杂的模仿。——编者注

程度、身体姿势、重心位置及步法等，一边留意对手的动作及周围情况，是极具效果的专注力训练法，在大脑训练方面也具奇效。另外，体操是可与武术匹敌的技能型运动，其健脑效果也很好。让孩子参加一些体操课程，具有极其重要的意义。

总之，运动能激活大脑，提升专注力、记忆力及学习能力。如果所用时间相同，我们应选择更具健脑效果的运动。运动并非同一动作的简单重复，而应设法增加现有运动的复杂性、变化性，提高自身应变能力。

**武术对于注意缺陷与多动障碍患儿的治疗效果**

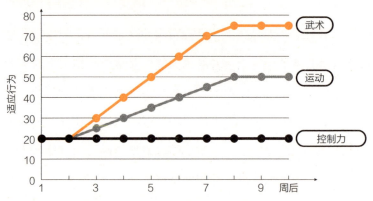

（资料来源：纽约霍夫斯特拉大学的研究）

  "有氧运动 + 健脑运动"可以实现运动效果的最大化。

# 睾丸激素的功效

如果说有氧运动的最大益处是刺激脑源性神经营养因子分泌，那么肌肉训练（无氧运动）的最大益处就是刺激睾丸激素分泌[1][2]。

### 睾丸激素的作用及功效

| 作用 | 功效 |
| --- | --- |
| 强化肌肉、提升男子气概 | 富有男性魅力 |
| 更受异性欢迎 | 改变外貌，塑造健美身形 |
| 减肥 | 增加肌肉量、加速基础代谢<br>打造易瘦体质 |
| 预防摔倒及骨折 | 增加肌肉、强化骨骼，预防衰老 |
| 激发干劲 | 提振工作状态、预防男性更年期 |
| 促进事业成功 | 获得自信，加强竞争心理，更加积极向上 |
| 提升男性机能及性欲 | 预防及改善勃起功能障碍及射精障碍 |
| 提升记忆力 | 预防阿尔茨海默病<br>生成于海马区的睾丸激素能影响记忆 |
| 预防衰老及代谢综合征 | 促进一氧化氮（NO）分泌 |

---

[1] 睾丸激素属于男性激素，除了具有强筋健骨、提升男性机能及性欲的作用之外，还能激发干劲，增强自信、主观能动性及竞争心理。——译者注

[2] 虽然有报告称有氧运动也可刺激睾丸激素分泌，但就持续增加其分泌的情况而言，肌肉训练更具优势。

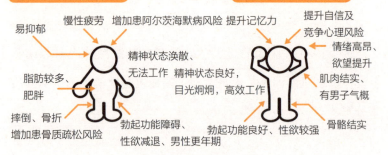

提升睾丸激素的方法有：①进行肌肉训练；②保证充足的睡眠；③切勿过量饮酒；④消除肥胖（减少体脂）；⑤补充锌、镁、维生素D；⑥勿过量摄入碳水化合物；⑦晒太阳、早上散步（促进生成维生素D）；⑧避免过量运动。

英国剑桥大学的研究显示：在英国伦敦市中心从事投资贸易的男性商务人士的男性激素（睾丸激素）要比普通男性的分泌水平更高。睾丸激素能提升判断力与专注力，让人敢于挑战风险，可见睾丸激素与事业成功密不可分。

一般而言，睾丸激素的分泌水平在20~30岁时达到顶峰，一旦过了40岁，其分泌水平就会急速下降。很多男性到40多岁时感到精力、体力下降，其原因之一就是睾丸激素分泌减少。当睾丸激素水平过低时，会进入男性更年期，具体表现为性欲减退、勃起功能障碍、缺乏欲望和干劲、情绪焦躁、专注力和记忆力减退、易疲劳、肌肉力量及骨密度下降以及睡眠障碍等多种症状。

通过肌肉训练增加男性魅力一说虽并非科学理论，但效果却是有目共睹的。在被称为"肌肉训练传教士"的睾丸激素的专著以及介绍肌肉训练的各类相关图书中均提到"进行肌肉训练能增强男性魅力"。具体而言，肌肉训练除了能强健肌肉之外，还能让精神面貌更振奋、目光更有神，举止行为充满男性魅力，言辞、态度更加积极向上，这些均是睾丸激素的功效。

需要注意的是睡眠不足、肥胖、过量饮酒会降低睾丸激素水平，大家需要严控这些行为。

肌肉训练促使人生向好的方向发展。

## 肌肉训练的必要性

肌肉训练能刺激男性激素中的睾丸激素分泌。那么，对于女性而言，肌肉训练又有何益处呢？由于受到雌性激素的影响，女性天生较难生成肌肉，即肌肉含量较少。目前有7成女性受到寒症困扰，而寒症的主要成因是肌肉量太少。肌肉约占人体基础代谢总量的40%，是人身体中生成热量最多的部分。因此，肌肉量较少导致生成热量较少，进而引发寒症，而改善寒症的根本治疗手段就是增加肌肉量。此外，肌肉量较少还会降低基础代谢水平，无法消耗摄取的热量，若严格控制饮食则会导致肌肉作为能量被消耗，所以女性为了预防寒症需积累一定脂肪。如此一来，很多女性都变成了易胖体质或易反弹体质，陷入越减越肥的恶性循环。所以，要想减肥成功，必须增加肌肉量、提升基础代谢。肌肉训练能刺激生长激素分泌，从而起到美肤、减龄的作用。如果女性想健康地减肥、健康地变美，就应进行肌肉训练。

**女性进行肌肉训练的益处**

预防寒症　提高基础代谢，利于减肥　美肤　塑形　减龄

最需要进行肌肉训练的人群其实是老年人。随着年龄增长，人体肌肉量减少、骨密度降低，尤其是老年女性的骨质疏松情况更为严重。由于肌肉训练具有增加（或维持）肌肉量、强化骨骼的作用，通过骨骼负重（重量）使其更加强健。老年人的肌肉力量薄弱，一旦摔倒发生骨折就会导致卧床甚至引发其他严重的疾病。为预防此种情况发生，老年人也必须维持肌肉量、强化骨骼，因此日常的肌肉训练必不可少。老年人可以根据自身身体情况选择蹲起练习或举哑铃来进行肌肉

训练。一旦因腰腿无力而无法外出，老年人的体力就会急剧下降，进而陷入需要他人看护或卧床的境地。只有维持一定的运动能力才能保证在任何时候都能自由运动，以实现延年益寿的目标，为此老年人更需要进行肌肉训练。

**老年人进行肌肉锻炼的益处**

| 强化骨骼 | 维持肌肉， | 预防摔倒 | 改善腰痛、 | 防止老化， | 延年益寿 |
| 预防骨折 | 维持运动能力 | | 肩酸 | 减龄 | |

 肌肉训练对男女老少均有益处，可以从蹲起练习开始。

## 利于提升专注力

前文主要介绍了运动的保健功效。其实，运动对于提高工作效率及时间利用率也极为有益。越是忙碌的商务人士越应该养成运动的习惯，从而充分提升工作效率。

人在一天中专注力最集中的时段是早上，起床后的2~3小时被称为"大脑黄金时间"。从下午至夜晚时段，专注力呈下降趋势。虽然通过灵活的休息方式可使专注力得到一定程度的恢复，但大脑会逐渐趋于疲劳，其专注力及工作效率也会持续下降。有一种方法能使专注力及工作效率重新复位，那就是运动。在傍晚至夜晚时段进行45~60分钟的中等强度及以上强度的有氧运动或进行"肌肉训练+有氧运动"，能使大脑重焕活力。有氧运动能协调及平衡血清素、多巴胺等大脑物质的分泌水平。30分钟运动可使多巴胺分泌水平达到提升专注力及记忆力的要求，此时重新激活的大脑基本等同于"大脑黄金时间"的状态。

我习惯在傍晚4—6点运动，而之后的3~4个小时属于精神高度集中的状态，能高质且高效地完成工作。在通常情况下，如撰写书稿这类需要高度专注力的工作，我每天最多进行3~4小时。不过，如能适时穿插运动便可实现大脑黄金时间的二次利用，即一天能完成两天的工作量。

### 不同运动量的健脑功效

| 过度运动 | 适度运动 |
| --- | --- |
| 运动后精疲力竭 | 运动后精力充沛 |
| 运动后犯困 | 运动后头脑清醒 |
| 运动后无法从事其他事务 | 运动后仍可从事各种事务 |
| 运动后产生空腹感及强烈食欲 | 运动后并无饥饿感 |

有些人习惯在下班回家后学习外语或准备资格考试，不

过，此时的身体、大脑已经疲惫不堪，即使学习也很难达到预期效果，而正确的做法是在其间穿插运动。在回家途中或回家后立刻去健身房进行充分运动，此后的数小时便成为最高效的学习时间。不过，重焕专注力的运动法则中有一条重要原则——切勿过度运动。我们应掌握好运动的强度与时间。一般而言，大脑血流量会在运动后增加，如果运动强度及运动量过大，身体为了恢复肌肉疲劳会优先将血流及能量分配给肌肉。所以，在过度运动之后会出现精疲力竭、犯困的情况。

下班后我一般会进行45~60分钟的适量运动。如果运动量过大，大脑及身体会疲乏不堪，导致专注力下降而无法工作。请大家找到适合自己的运动强度及运动量，让大脑在运动后发挥出最佳状态吧。

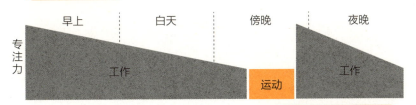

运动重焕专注力

专注力

早上　白天　傍晚　夜晚

工作　运动　工作

专注力↑，记忆力↑
学习机能↑，主观能动性↑

运动可重焕身心和大脑的活力。

## 预防及治疗精神疾病

### 我为何强调运动的重要性

时常有人问我："您明明是一名精神科医生，为何如此强调运动的功效呢？"因为运动可以预防及治疗精神疾病。目前已有大量研究证实，运动在治疗抑郁症等多种精神疾病方面具有与药物疗法同等甚至以上的效果，然而绝大部分患者对此并不了解。另外，大部分人也不了解运动在预防精神疾病方面的显著功效。

"运动能有效预防及治疗精神疾病"，只有精神科医生才能做出如此严谨而准确的科学论断，同时向大众普及该理念也是作为精神科医生的我不容推卸的社会责任。

### 通过运动预防和治疗精神疾病

根据奥地利的一项调查显示，完全没有运动习惯的人与每周运动1~2小时的人相比，其抑郁症患病风险增加44%，而每周运动1小时即可将抑郁症患病风险降低12%。在一项分析数据量达100万人以上的国际研究中，根据有氧运动量将实验对象分成三组，其中运动量最少的实验组的抑郁症患病概率比运动量最多的组高约75%，中等运动量的实验组的抑郁症患病概率比运动量最多的实验组约高25%。由此可知，运动不足会显著增加抑郁症患病风险。另有芬兰的一项研究显示，从中年开始每周进行两次以上、每次20~30分钟的稍微出汗程度的运动，20年后其阿尔茨海默病患病风险降至原来的三分之一。

仅需运动10分钟便可充分补充血清素、去甲肾上腺素、多巴胺等大脑物质，而有规律地进行运动无疑会大幅降低精神疾病的患病风险。

运动不仅能预防精神疾病，在治疗此类疾病方面也具有显著效果。很多研究都已揭示在治疗抑郁症方面，运动疗法具有与药物疗法同等及以上的效果。

下面介绍一个在运动疗法研究方面较为知名的布鲁门萨尔（Blumenthal）与拜帕克（Baybak）的实验。他们以抑郁症患者为对象实施运动疗法，4个月实验结束后，运动疗法的病情缓解率（60.4%）略低于药物疗法（65.5%），而6个月后的跟踪调查显示，运动疗法的治疗效果获得压倒性优势，其复发率极低，而药物疗法的复发率则高于30%。

运动对于精神疾病的疗效主要为：①提升睡眠质量；②刺激脑源性神经营养因子分泌（改善情绪、抗抑郁）；③降低压力激素水平；④激活血清素；⑤刺激多巴胺、去甲肾上腺素分泌。

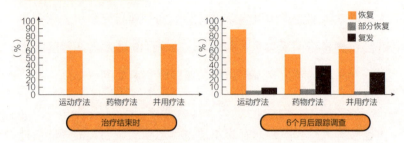

注：以抑郁症患者为实验对象实施运动疗法（进行4个月，每周3次、每次30分钟的步行或慢跑，使其心率达到最大心率的70%~85%），在治疗结束时的即时数据显示运动疗法的治愈率为60.4%，药物疗法为65.5%，并用疗法为68.8%。

（资料来源：Blumenthal，1999、Baybak，2001）

　　由上可知，严格实施运动疗法便可能治愈精神疾病，而且运动疗法的最大特点就是复发率低，这对于病情已有缓解的患者而言尤为重要。运动疗法对下表中所示的各类疾病均具疗效，而对于其他精神疾病的疗效尚不明确。不过，相信今后会有更多的科学研究证明运动在治疗其他精神疾病方面的优势。

### 对运动疗法有效的精神疾病

| 效果 | 精神疾病种类 |
| --- | --- |
| 有效 | 抑郁症、阿尔茨海默病、焦虑症、恐慌症 |
| 辅助疗效 | 注意缺陷多动障碍、躁郁症、精神分裂症 |

注：1.运动疗法与药物疗法并用或作为先期治疗手段。

　　2.运动疗法作为疗养辅助手段。

由于运动能够改善睡眠、稳定情绪，因此在治疗绝大部分精神疾病及预防此类疾病方面也具有一定功效。

运动疗法的显著优势主要为：①具有与药物疗法同等及以上效果（针对多种病症）；②复发率极低；③无副作用；④适用于绝大部分患者；⑤根本性治愈（引起神经细胞变化）；⑥产生自信、成就感（患者本人有信心自我治愈）；⑦不涉及主治医师的治疗水平及经验。

那么，对于精神疾病的治疗而言，选择何种运动以及该如何控制运动强度呢？目前，国际上对于运动疗法并无统一标准，这里仅将多项研究数据的平均值列入下表。表中的"中等强度有氧运动"指强度略高于稍感吃力程度的慢跑，运动时间为每周3次（增至5次效果更好）、每次45~60分钟，持续时间为3个月以上。运动疗法所需的运动量要比预防疾病及预防运动不足时的运动量略大，且运动时间略长、运动频率更高。不过，让精神疾病患者一开始便承受如此大的运动量未免不现实，所以可先从"15~30分钟的早上散步"开始，然后逐渐提高运动强度。

### 运动疗法的具体要求

| | |
|---|---|
| 中等强度运动（最大心率的70%~85%） | 每周3次以上 |
| 每次45~65分钟 | 坚持3个月以上 |

有氧运动在治疗精神疾病方面的功效已被多项研究证实，

而明确肌肉训练有效性的报告也日趋增多。如果患者本人体力较好，可以参考本书介绍的方法尝试进行"肌肉训练+有氧运动"。

精神疾病患者很难独自长期进行规律性运动，可以借助精神科的"日间看护"（日间服务）或专门从事运动疗法的相关机构进行治疗。具体事宜可咨询精神科主治医师或社区服务人员。另外，一个人很难长期坚持运动，如果身边有人指导或陪伴则更容易坚持下来。

 运动可治疗抑郁症，先从每天 15 分钟的早上散步开始。

## 健忘的早期发现与治疗

当年已七旬的父母出现明显健忘时，你该怎么办？

A.无法防止大脑老化，也无法治疗健忘，只能听之任之。

B.立刻带他们去精神科诊治。

在精神科门诊患者中，有一些由家人带领前来的老年阿尔茨海默病患者的病情已经非常严重。当我询问对方"为何没尽早前来就诊"时，经常听到的回答是"反正健忘也治不好，去不去医院无所谓"。

以前，人们认为阿尔茨海默病无法预防及治疗，而最新理念是早期健忘可以治疗且可以通过特定手段延缓阿尔茨海默病病情的发展。那么，如何做到这些呢？答案就是运动。运动不仅能预防阿尔茨海默病，还可能具有显著治疗效果。

## 将阿尔茨海默病扼杀在轻度认知障碍阶段

健康的人不会在某天突然患上阿尔茨海默病，而是由健忘症状发展若干年之后才导致阿尔茨海默病。一般将健忘与阿尔茨海默病之间的状态称为"轻度认知障碍"（Mild Cognitive Impairment，MCI）。阿尔茨海默病的发展轨迹为"健康→轻度认知障碍→阿尔茨海默病"。日本的阿尔茨海默病人群达600万人，而轻度认知障碍人数也有400万，即每4个老年人（65岁以上）中就有1人患有阿尔茨海默病或轻度认知障碍。

**阿尔茨海默病与轻度认知障碍**

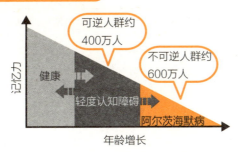

最重要的一点是轻度认知障碍具有可逆性，如果努力锻炼

便能重返健康。如果对其听之任之，一旦发展为阿尔茨海默病，其病情只会日益严重，再也无法恢复到原有状态了。很多人认为健忘是衰老的表现因而无法医治，然而，目前已有越来越多的研究证明，通过合理有效的运动便能改善健忘状况（即轻度认知障碍），使患者恢复到正常状态。也就是说，轻度认知障碍可以治愈，有效遏制轻度认知障碍便能预防阿尔茨海默病。

### 阿尔茨海默病症状的多样性

健忘是阿尔茨海默病的典型症状，实际上阿尔茨海默病的症状表现非常多样，为了充分提高老年人的重视程度，现将其整理为"轻度认知障碍及阿尔茨海默病早期症状一览表"，敬请参考。如果发现自身出现以下若干症状，应及时去精神科或神经内科就诊。

**轻度认知障碍及阿尔茨海默病早期症状一览表**

| 轻度认知障碍的症状 | 阿尔茨海默病早期的症状 |
| --- | --- |
| ·重复叙述、询问同一件事<br>·频繁忘记物品放置地点，经常寻找<br>·无法完成之前熟悉的日常事务（不会做饭、烧焦饭菜、不会调味）<br>·无法管理财务（不会计算应找多少零钱）<br>·装扮异常（服饰搭配不协调、不会化妆或刮胡子） | ·无法说出打电话人的姓名<br>·无法说出当天的日期及当天是星期几<br>·忘记约定之事<br>·对新闻及周围事物不感兴趣<br>·低欲望、停止兴趣活动<br>·易怒、善疑 |

"轻度健忘可治"已成为新常识，可通过运动遏制其发展。

# 运动治疗健忘

如果家人患上了阿尔茨海默病或轻度认知障碍，我们应如何做呢？答案是帮助他们进行运动。

### 一同散步

如果家人患上了阿尔茨海默病，我们应做到每天陪他们一同散步。散步时间以20分钟以上为宜，短则5分钟、10分钟亦可。不仅要督促对方去散步，还应主动陪伴他们散步。绝大部分阿尔茨海默病患者都运动不足，很多老年人由于腰膝酸痛而不愿出门。如此一来，运动不足（零运动量）会进一步加剧阿尔茨海默病的病情。每天带他们出门散步一次，很可能对改善阿尔茨海默病起到良好效果，而且对改善患有轻度认知障碍的老年人的病情也具有一定效果。虽然腿脚不好的老年人行走几十米就累得上气不接下气，不过这对老年人本人却是非常好的运动。

## 双重任务训练

"双重任务训练"（Dual Task Training）是比普通散步更有效的运动法。就精神医学领域而言，该训练法因在预防及治疗阿尔茨海默病方面取得了神奇疗效而备受瞩目。

双重任务也可称为"双重课题"，即同时完成两件事。例如，可一边散步一边进行"100连续减3的运算"，或是几个人一边玩词语接龙一边步行。将简单数学计算及做趣味题等大脑训练（认知训练）与运动结合起来就是双重任务训练。与单纯的运动相比，双重任务训练能大幅增加大脑血流量，具有高于普通运动数倍的功效。其运动量以略微出汗（略快步行）的程度为宜，大脑训练难度则以适度为佳。进行双重任务训练时需控制运动量及问题难度，以利于当事人长期坚持并获得理想效果。

目前，有很多关于通过双重任务训练预防及改善阿尔茨海默病、轻度认知障碍的报告。很多日间看护中心也推出了"双重任务训练课程"，大家可通过输入"地名+双重任务训练"的关键词在网络上检索相关信息。

### 双重任务训练具体案例

| 训练项目 | 具体内容 |
| --- | --- |
| 计算 | ·100连续减3的运算<br>·100连续减7的运算<br>·1连续加9的运算 |
| 健脑操 | ·词语接龙<br>·编写俳句、川柳短诗 |
| 趣味题 | ·按顺序说出各种蔬菜、动物的名称<br>·说出山手线的各站站名<br>·说出日本47个都道府县名称<br>·说出以单人旁为偏旁部首的汉字 |
| 运动类 | ·走方格（按规定顺序踏入格子）<br>·以3的倍数为次数拍手<br>·单人剪刀石头布（右手赢左手）<br>·写出以草字头为偏旁部首的汉字 |

可在步行、踏步等运动的同时进行上述认知训练。

 全家一起观看"双重任务训练"的相关视频。

## 久坐致命

很多人在工作时都处于坐着的状态，这对健康极为不利。世界卫生组织在2011年发布报告称"久坐不动引发的肥胖、糖尿病、高血压、癌症等疾病导致世界每年有200万人死亡"。通过对世界上20个国家及地区的平均坐时进行调查显示，世界平均坐时为5小时，而日本人则为7小时，可以说是世界上坐时最长的国家。

世界 20 个国家及地区的平均坐时

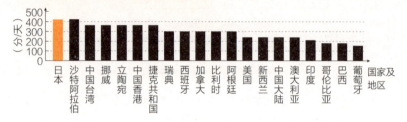

（资料来源：Bauman，2011。）

根据悉尼大学的研究，每天坐时在8~11小时的人与坐时不足4小时的人相比，死亡风险升高15%，而坐时达11小时以上的人的死亡风险升高40%。该研究还推断："连续坐着看电视1小时可使平均寿命缩短22分钟。"美国加利福尼亚大学洛杉矶分校（UCLA）的研究证明，越是久坐的人其大脑内侧颞叶越薄，认知机能越低下，罹患阿尔茨海默病的风险越高。久坐30分钟时人体血流速度下降70%，即血液处于黏稠状态，此时血管更易堵塞，会加重高血压及动脉硬化病情，增加心肌梗死、心绞痛、脑梗死的患病风险。同时，久坐使糖尿病患病风险增加2.5倍、癌症患病风险增加21%。由此可知，久坐会大幅提高几乎所有中老年疾病的患病风险与死亡率。

**久坐对健康极为有害**

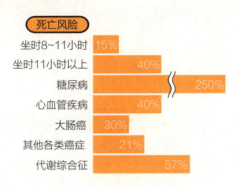

死亡风险

| | |
|---|---|
| 坐时8~11小时 | 15% |
| 坐时11小时以上 | 40% |
| 糖尿病 | 250% |
| 心血管疾病 | 40% |
| 大肠癌 | 30% |
| 其他各类癌症 | 21% |
| 代谢综合征 | 57% |

　　而且，久坐对健康的不利影响无法通过规律性运动完全抵消。换言之，即便每周进行150分钟以上运动的久坐者，其罹患中老年疾病的风险依然会增加，他们无法获得普通运动带来的益处，这一点尤为棘手。

　　《世界卫生组织运动指南》中明确提示了进行轻度运动而避免久坐，可见避免久坐是必须养成的保健习惯。美国犹他大学的研究显示，每坐1小时便起身运动2分钟的人比持续坐着的人的死亡率下降33%。另有研究证明，久坐15分钟时人的认知能力及专注力、工作效率就会下降。可见，久坐会降低工作效率。我们持续坐1小时后，应至少起身站立或步行2分钟。如果条件允许应每隔15分钟就起身一次，从而防止工作效率降低。

**2 分钟保健法**

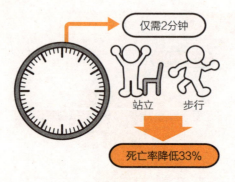

仅需2分钟

站立　步行

死亡率降低33%

 作为世界第一久坐国的日本应先做到每坐 1 小时便站立 2 分钟。

## 如何防止久坐

在日常生活中稍花些心思便可防止久坐。

（1）站着工作

例如浏览文件、构思方案等可站着完成的工作应尽量站着做，由此减少久坐。我在检查稿件时一般会站起身看或在屋里边走边看，这样做能显著提升工作效率。另外，有些会议或商谈也可以站着进行。有报告称，站立能激活额叶，提升专注力与作业记忆。

（2）站着休息

休息时尽量不要坐着，站着休息能预防久坐及改善专注力，由此提高之后的工作效率。此时，我们可以站着与他人聊天。很多人认为坐着舒舒服服地休息最好，然而真正益于健康且能提振状态的休息方式则是站着或步行。

（3）适当跑腿

如果将委派给下属的复印工作改为由自己完成、将传唤他人改为主动前往接洽、将邮件联络改为亲自会面，那么这些工作都会变成运动的机会。久坐会降低工作效率，与其指派他人或依赖网络，不如自己主动去做更高效，而由此产生的运动量还能起到转换心情的效果。所以，工作时适当跑跑腿是防止久坐的有效方法。

（4）活用站立式办公桌

近年来，经常能看到关于站立式办公桌的报道。此类桌子是供使用者站立完成工作的高型桌，有的还具有电动调节高度的功能。有些研究称，站立式办公桌无法提升工作效率。这是因为长时间站立会导致人疲乏，工作效率自然无法得到提高。实际上，站立式办公桌的主要目的是防止久坐，让人们能经常起身工作，无论是在保健还是提升工作效率方面都具有一定的积极意义。

（5）勿久看电视

如果工作时坐着而回家后依然坐着，无疑会进一步加剧久坐程度。有研究指出：与看电视时间在1小时以内的人相比，连续看3小时以上电视的人的死亡率是前者的3倍。人们在看电视时会长久保持一个较为舒服的姿势，这对健康同样不利。所以，我们应合理控制看电视、玩电子游戏等久坐型娱乐项目的时间。

**如何防止久坐**

站着工作　站着休息　休息时　适当跑腿　使用站立式　长时间
　　　　　　　　　坐着玩手机　　　　办公桌　　看电视

 主动承担委派他人的跑腿工作。

## 你为何无法坚持运动

阅读至此，你一定充分理解了运动的重要性，同时也非常想去运动。然而，在真正开始运动之后，你会面对无法坚持的困局。某机构对250名女性的运动习惯进行了调查，结果显示，约7成女性曾有过半途而废的运动经历，而回答"一直坚持运动"的人仅占13.6%。

就运动而言，最难的就是坚持。为此，大家首先要了解无法坚持运动的原因。

（1）过程辛苦

无法坚持运动的最主要原因就是"过程辛苦"。一般而言，人都是善于坚持快乐的事而难于坚持辛苦的事。这是由于快乐能刺激多巴胺分泌，而辛苦会刺激压力激素分泌。几乎所有人都认为运动过于辛苦而无法长久坚持。如果在运动时能变苦为乐，就能顺利坚持下来。

（2）仅为减肥

如果仅以减肥为目的进行运动则很难坚持下去。其原因在于减肥效果不会轻易显现，有时坚持慢跑1个月体重也减不了1千克，这种努力之后的挫败感极易让人丧失信心。设定目标会刺激动力物质——多巴胺分泌，不过在1~3个月内看不到成果时，多巴胺就不会继续分泌，从而让人失去动力。

（3）独自运动

慢跑这类可独自进行的运动的优势是不限时间，而劣势则是会轻易放弃。有些人因为怕麻烦而连续两三天不去运动，如此很可能导致永久放弃。

（4）目标过高

有些人下决心开始运动时总习惯设定一个不符合自身实际情况的大目标。例如，之前明明没有运动习惯却突然开始30分钟的慢跑，如此高强度的运动自然会让人产生放弃的念头。所以，运动时应从每天步行15分钟这类具有可行性的小目标开始。

（5）盲目冒进

最近，一种被称为"高强度间歇训练法"（High Intensity Interval Training，HIIT）的运动备受关注。但是，很多人在实践后发现其难度较大。对于平时无运动习惯的人而言，选择高效运动或较难的运动显得不切实际。只有养成扎实的运动基础之后，才可以尝试这类运动。

**无法坚持运动的原因**

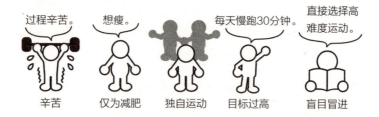

过程辛苦。　想瘦。　　　　　　　　每天慢跑30分钟。　直接选择高难度运动。

辛苦　　　仅为减肥　　独自运动　　目标过高　　盲目冒进

 先逐个扫清上述消极因素。

## 如何坚持运动

现在我们已经明确了无法坚持运动的原因，接下来，只要逐个扫清这些消极因素便能做到长久坚持运动。

（1）找到快乐的运动

辛苦之事易放弃而快乐之事易坚持。只有做让自己感到快乐的运动，方可长期坚持。当然，首要条件是先找到它们。

（2）结伴运动

除了部分韧劲较强的人之外，绝大部分人在独自开始运动后不久便半途而废。所以，我们应结伴而行，与伴侣、朋友、恋人一起运动。我认为夫妻一起去健身房锻炼是非常好的习惯。人们结伴运动能相互鼓励，从而有效克服运动过程中的辛苦与疲惫。

（3）加入团队

对于难以独自坚持运动的人而言，加入某个球队或体育小组是不错的选择。独自一人无法坚持的事，在伙伴的陪伴和鼓励下就会变得容易很多。体育小组中最重要的就是团队精神，在一起锻炼的时间越长，彼此间的联系就越牢固，而且由此产生的责任感与归属感也利于自己长期坚持。另外，一些健身房也会定期举办会员交流活动或者酒会，如果能在此结交朋友，每次去运动时会更有动力。

（4）主观认同

我们可以在每次运动结束后有意识地提醒自己"今天顺利完成了锻炼"，如此便能充分提升对运动的主观认识。虽然在运动时感到很辛苦，但在结束后任何人都能获得清爽感与成就感。每当我离开健身房回家时，都不禁感叹"汗流得真畅快"，同时回味运动带来的乐趣。

（5）坚持记录

记录不仅限于运动，对于想长久坚持的事来说记录都非常重要。将锻炼成果转化为可视的数字能大大提升人们的主观能动性。例如，在智能手机上下载记录步数的应用程序便可将每日的移动距离及步数自动记录下来。使用智能手表能实时显示及记录运动量、消耗热量、步数、心率等多项数据，从而可以对每日运动量的完成情况一目了然。

**坚持运动的秘诀**

快乐！
找到适合
自己的运动！　　与家人或恋人、
　　　　　　　　朋友一起！　　　结交朋友！　运动后心情愉快！坚持记录！

找到快乐的运动　结伴运动　　建立联系　　主观认同　　记录

 结伴是坚持运动的终极法则。

## 瑜伽、太极拳的保健功效

很多人对于瑜伽、太极拳等拉伸运动的保健功效及科学性抱有疑问，下面对其加以介绍。

### 瑜伽的功效

瑜伽的呼吸法具有减轻压力与不安的功效。进行60分钟瑜伽可使具有镇静效果的脑内物质——γ-氨基丁酸[①]（GABA）的浓度提高27%。哈佛大学的研究显示，瑜伽能降低血压、胆固醇、心率，锻炼骨盆及脊柱周围的深层肌肉，而且瑜伽在矫正体态、缓解腰痛及关节痛方面的功效也值得你期待。

### 太极拳的功效

墨西哥曾进行过一项研究，对比太极拳与步行的保健功效，其结果显示太极拳在降低血压、胆固醇和抗氧化方面更具优势。另有多项研究表明，太极拳还具有维持肌肉力量、增强运动协调性、改善身体柔韧性及预防跌倒的功效，同时能预防及改善关节炎、关节挛缩，改善睡眠，预防及改善抑郁症。

———————

① 中枢神经系统中重要的抑制性神经递质。——编者注

## 拉伸运动的功效

目前，虽然尚未有充分的科学证据表明拉伸运动能有效预防中老年疾病，而且还有研究表示在运动前进行拉伸训练会降低肌肉力量及爆发力，但是这并不能说明拉伸运动毫无意义。在运动后或夜晚时进行拉伸训练可以提高身体柔韧性，由此预防受伤及跌倒。不过，关于其具体的保健功效有待进一步研究。

**身体的平衡性与柔韧度非常重要**

《世界卫生组织运动指南》中指出："65岁以上的老年人在运动受限的情况下，每周需要进行3天以上的身体运动以提高平衡能力、预防跌倒。"由此可知，就老年人而言，做一些提高身体平衡能力的运动至关重要。瑜伽、太极拳、拉伸运动等均具有提高身体平衡能力及柔韧性的功效，其难度不大，较适于老年人。

经常有人问我某项运动是否具有科学依据，其实将运动相关的最新研究成果总结起来就一句话："运动一分就会健康一分。"与其苦恼于运动是否有效，不如亲自去实践。除了那些超越自身体力及承受力的极限运动，任何一种能让自己畅快流汗的运动都会给你带来相应的保健效果。

所以，我们先不要考虑何种运动更有效，而应先养成每周运动2~3小时的良好习惯。

 只要动起来就会收获成效，首先养成每周运动 2 ~ 3 小时的习惯。

## 过度运动有害健康

很多人认为坚持运动，多多益善，然而这种想法并不正确。牛津大学以100万名平均年龄55岁以上的女性为调查对象进行了历时9年的研究，其结果显示：每天运动的人的心脏病及脑血管疾病患病风险呈升高趋势。尤其是每天进行剧烈运动的人的脑血管疾病患病风险要高于每周进行一次剧烈运动的人。所以，每天进行剧烈运动不仅对健康无益，反而有害。

**每天进行剧烈运动有害健康**

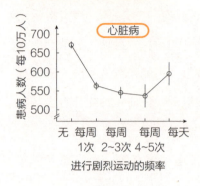

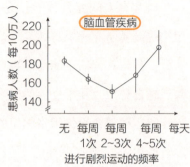

运动能刺激睾丸激素分泌，给身体带来多种益处。不过，当一个月跑步距离超过120千米时，睾丸激素的分泌水平会逐渐降低；跑步距离超过200千米时，睾丸激素水平会低于不运动的人。当睾丸激素水平过低时，会出现性欲减退、勃起功能障碍、欲望低下等症状，甚至可能患上抑郁症，而且跑步距离超过200千米时还会大幅增加受伤等意外风险。运动员的健康跑步距离为每月120千米，一旦超过200千米便会导致运动过量。

运动过量主要有以下弊端：

· 增加心脏病、脑血管疾病的患病风险。

· 降低睾丸激素分泌水平（男性激素）。

· 产生的活性氧会加速老化。

· 降低免疫力。

· 引起骨质疏松，增加骨折风险。

由此可见，每天进行高强度运动不仅不会让我们变得健康，甚至比运动不足对我们更不利。每个人的适宜运动量会随着年龄、体力、体型以及此前运动习惯的变化而发生变化，所以不考虑自身情况而一意逞强运动对健康并无益处。美国疾病控制与预防中心建议，成年人每周最多进行5小时的轻量运动以及2.5小时的高负荷运动。中国山东大学的研究显示，虽然死亡风险会随着运动时间延长而降低，但是每周运动300分钟与每周运动1500分钟时的死亡风险降低值并无差异。所以，关于运动程度的问题，应以每周300分钟（5小时）作为基本标准。

总之，就保健目的而言，不应该每日进行剧烈运动，应该将高强度运动时间控制在每周5小时以内。一旦运动过度反而会抵消来之不易的健康成果，得不偿失。

 将剧烈运动时间控制在每周5小时以内就能具有保健效果。

## 何时运动为宜

这也是关于运动的常见问题之一。下面，我根据已有知识梳理一下适合运动的时段及不适合运动的时段。

## 适合运动的时段

【上午】

上午属于副交感神经向交感神经切换而使后者处于主导的时段。此时的燃脂、降脂效果十分明显。对于自主神经衰弱的人而言，此时运动能加速副交感神经向交感神经切换，对身体十分有益。有研究显示，早上运动能使当日基础代谢水平提升10%，不过，有一点需谨记，即起床后切勿进行剧烈运动。

【傍晚4点左右】

该时段是一天中我们体温最高、代谢最旺盛的时段。在进行同类运动时，该时段所消耗的热量要超过其他时段。

【用餐后2~3小时】

餐后的饱腹状态可以促使血液流向胃及消化器官，如果此时运动，肌肉会与这些器官争夺血液，从而导致我们消化不良及侧腹疼痛。我们在餐后血糖会升高，通过运动消耗血液中的葡萄糖尚需20分钟，而燃脂效果更是微乎其微。

另外，极度空腹时进行剧烈运动还可能导致低血糖，身体会通过消耗蛋白质（肌肉）来补充能量，从而使来之不易的肌肉训练成果付诸东流。所以，空腹锻炼时至少应该含块糖，从而补充一定的碳水化合物。

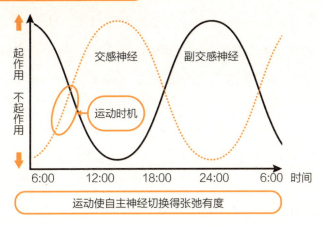

交感神经与副交感神经的切换

起作用

不起作用

交感神经　　副交感神经

运动时机

6:00　　12:00　　18:00　　24:00　　6:00　时间

运动使自主神经切换得张弛有度

## 不适合运动的时段

【睡前2小时】

我们应在睡前2小时之前结束中等及以上强度的运动，因为睡前2小时内运动极易导致失眠。人体为了进入睡眠状态，需要从交感神经切换为副交感神经主导，而运动会导致心率、呼吸频率及体温上升，使交感神经处于兴奋状态，而平复此状态使副交感神经处于主导则需要两小时。

## 需要注意的时段

【早上起床后】

我建议大家进行早上散步，不过早上散步充其量是快步走而并非慢跑。由于夜晚人体会缺水，早上起床后的血液因缺水而变得黏稠，一旦血压快速上升极易引发心肌梗死，早上8—10点是一天中最易发生心肌梗死的时段。

至此，也许还有人不清楚自己应该何时运动。其实，我们只要在工作及做家务、育儿的间隙因时因地地进行运动即可。

充分利用碎片时间运动。

## 快跑利于生长激素分泌

前文讲述了简单、省时的运动法，不过很多人依然因为工作繁忙而无从着手。下面我再介绍一种非常省时且高效的锻炼方法，尤其适合工作繁忙的人。

英国巴斯大学通过室内自行车的锻炼过程得出结论：每增加一次30秒的全力疾跑可使生长激素分泌水平提高5倍，而且生长激素的峰值在全力疾跑2小时后甚至运动结束后还会持续分泌一段时间。仅仅30秒的全力疾跑便能使生长激素水平提高5倍，如此省时且高效的训练法实属难得。这种在重复性的中等强度或高强度运动之间穿插非完全恢复性运动（低强度运动）的训练法被称为"间歇训练"。目前，该训练法受到人们广泛关注，其相关研究不胜枚举。德国明斯特大学进行了一项研究，让第一组实验对象在跑步机上跑40分钟的过程中穿插两次每次3分钟的全力疾跑，然后与进行同样时长的低强度训练的第二组实验对象比较，结果发现，第一组的去甲肾上腺素与脑源性神经营养因子水平显著升高，同时在记忆力测试中的语义记忆速度提升20%（即记忆力获得提升）。间歇训练能获得有氧运动与无氧运动的双重功效，不仅能刺激生长激素分泌，还能刺激脑源性神经营养因子大量分泌，由此起到健脑益智的效果。

这里介绍一下运动学及脑科专家——约翰·瑞迪（John Ratey）博士推荐的简单可行的间歇训练法，即在跑步机上走20~30分钟时，每隔5分钟穿插30秒的全力疾跑。

很多人会在室外、健身房及跑步机上走20~30分钟，只需在此过程中穿插全力疾跑便能在同时长的训练时段内分泌更多的生长激素及脑源性神经营养因子。我也经常实践该方法，感觉效果极佳。在全力疾跑后的数分钟内一直保持高心率，其疲劳度、出汗量及运动量显著增多，让人成就感满满。每个人的体力情况各不相同，如果无法做到每隔5分钟全力疾跑30秒，可以先从每隔10分钟全力疾跑30秒或间隔时间再长一些开始。总之，进行基础的间歇训练时，可以先从中等强度运动过渡到

低强度运动。

　　间歇训练需要一定的体力支撑，对于没有运动习惯的人和老年人而言，突然开始此项训练极易导致自己受伤。所以，我们应在养成运动习惯或储备一定体能之后再进行尝试。

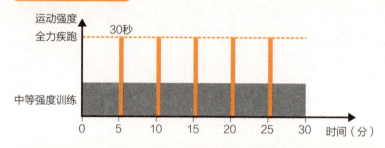

简单可行的间歇训练

运动强度
全力疾跑　　30秒

中等强度训练

0　5　10　15　20　25　30　时间（分）

 每隔 5 分钟全力疾跑 30 秒是性价比最高的训练法。

## 运动可消除疲劳

　　运动对于消除疲劳具有良好的效果。感觉累的时候也应该适当进行运动，这被称为"积极性恢复"。

　　每当我从国外旅行归来之后必做的一件事就是到家后脱掉日常服装，换上健身时穿的运动服立刻去健身房进行45~60

分钟的高强度运动。然后回家洗澡、睡觉，此时会获得极佳的睡眠，所有旅途中的劳顿也会在一夜之间消失殆尽。通过高强度运动与深度睡眠可以使生物钟及时复位，从而有效避免了时差症。

在运动之后或完成工作之后，分别进行20分钟的积极性恢复（运动）与消极性恢复（躺下休息），然后测定血液中的疲劳物质——乳酸的含量，其结果显示：消极性恢复的体力恢复程度为20%~30%，而积极性恢复的体力恢复程度则为70%~80%。可见，积极性恢复的体力恢复程度比消极性恢复高2倍以上。那么，运动为何能消除疲劳呢？

（1）分泌生长激素

运动能刺激生长激素分泌，而生长激素具有消除疲劳的功效。通过运动能促进生长激素充分分泌，因此能彻底消除疲劳。

（2）加深睡眠

运动能提升睡眠质量，睡眠程度越深，其消除疲劳的效果越明显。正因如此，酣睡之后的早上我们会感到疲劳顿消、神清气爽。为了提升睡眠质量，运动后洗澡是必不可少的。

（3）改善血液循环

从事文案工作会导致我们的肩颈肌肉疲劳，通过锻炼全身肌肉可以改善血液循环，使积压在身体局部的疲劳物质自然消解。

（4）恢复精力

运动可协调均衡血清素、多巴胺等大脑物质的分泌水平。换言之，运动能消除大脑疲劳。

（5）减压

运动不仅能让我们的心情变得舒畅，还能降低压力激素（皮质醇）的分泌水平，具有减压效果。

疲劳的时候也应该适当运动，通过运动、洗澡、睡眠等一系列行为可彻底消除疲劳。我们不应该以疲劳为借口而逃避运动，越是易疲劳体质的人越应该视自身情况积极地运动。

如何消除疲劳

运动
- 略高强度的运动
- 刺激生长激素充分分泌

洗澡
- 清除疲劳物质
- 放松肌肉
- 睡前90分钟洗澡（促进睡眠）

睡眠
- 消除疲劳

 感到疲劳时也应该适当运动，"积极性恢复"让你疲倦尽消。

## 最佳运动

在前文中，我对运动的时间、频率、种类以及最少运动量、如何提振状态等事项分别进行了详细介绍。那么，所谓的最佳运动究竟指什么运动呢？我想这是很多人都非常感兴趣的问题，不过制定一个所有人都通用的最佳运动标准是不切实际的。根据每个人的年龄、性别、体能、体型（肥胖或偏瘦）、体脂率、运动史、患病史等因素，其最适合的运动种类也会发生相应的变化，而且每个人的运动目的不同，所以最佳运动也因人而异。

不过，在这里我可以介绍一下我总结的适合自己的最佳运动。我进行运动的目的是最高程度地激活大脑，通过阅读大量运动相关图书及论文，加之自己的多年实践经历，我归纳的最佳运动的具体内容如下：

（1）在客观条件允许下进行早上散步。

（2）每天进行20分钟的中等强度运动（快步走），外出时经常有意识地快步走，且尽量选择爬楼梯。

（3）每周进行两次肌肉训练（每次15分钟）。

（4）每周进行2～3次略高强度的运动（每次45分钟）。

（5）运动时充分考虑自身情况，做到张弛有度。

（6）选择自己喜欢的运动。

（7）强烈认同运动带来的成就感及舒适感。

下图是对本节内容的大致梳理。接下来，以我某一周的运动记录为例，列出具体的运动内容及时间（时刻）信息。

**提升脑活力的最佳运动**

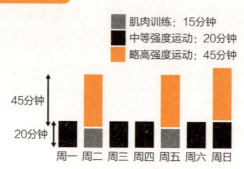

**我的运动日程表**

| 时间 | 训练内容及时间 |
|------|----------------|
| 周一 | 17：00加压训练<br>（一定强度的肌肉训练）30分钟+步行30分钟<br>（其间穿插数次30秒疾速跑） |
| 周二 | 无 |
| 周三 | 早上散步15分钟 |
| 周四 | 19：00传统武术 2小时 |
| 周五 | 15：30拳击练习45分钟+步行15分钟<br>（其间穿插数次30秒疾速跑） |
| 周六 | 无 |
| 周日 | 早上散步15分钟 |

　　总体而言，我的运动习惯是在外出快步走这种基础运动的基础上，每周增加3次（合计约4小时）略高强度的运动。如果身体情况较好，我还会额外增加一天的拳击练习，相当于每周4次的略高强度运动。这些运动量能保证我能高度专注地完成工作，同时还能保证良好的身体状态及睡眠质量。最后，总结一下最佳运动的具体功效：

　　（1）工作效率显著提升，利于做出成绩。

　　（2）忘却疲惫，充分投入工作。

　　（3）能将专注状态保持10小时以上。

　　（4）睡眠及醒时状态良好。

　　（5）外表更显年轻。

　　如上所述，适合自己的最佳运动会让你受益匪浅，也让你的每一天过得充实而幸福，所以请务必达成最佳运动的目标。

 你运动的目的是什么？请编制自己的"最佳运动计划"吧。

### 第三章

# 早上散步

## 用 3 分钟了解本章的主要内容

读者：我想养成每周运动2小时以上的习惯，打算从明天开始晨跑。

作者：能高效利用早上时间很值得称赞，不过，晨跑对健康并无益处。

读者：怎么会呢？

作者：人体在睡眠时处于缺水状态，如果起床后立刻跑步会导致血压快速升高、血液变得黏稠，从而易诱发心肌梗死。另外，空腹时跑步易引起低血糖，而拉伸尚处于僵硬状态的肌肉还会让人感到疼痛。总之，晨跑会给人带来多种负面效果。

读者：原来如此，我一直以为晨跑是成功人士的最佳晨练方式。

作者：如果想晨练，我推荐早上散步。

读者：早上散步？散散步就算是运动吗？

作者：当然，除此之外，你刚才说过早上很难畅快醒来吧？

读者：是的，起床时我总感觉昏昏沉沉、浑身没劲。

作者：早上头脑昏沉、心情烦躁、毫无干劲都是因为大脑物质——血清素水平较低，而沐浴晨光、进行节奏性运动、咀嚼等行为均能有效激活血清素。早上散步之后回家吃早饭时会让人顿感清醒，进而干劲十足地迎接新一天。

读者：早上散步竟有如此功效！

作者：不仅如此，你知道人体生物钟的一天时长是多长吗？

读者：难道不是24小时吗？

作者：实际上是24小时10分钟左右，即生物钟的一天比实际的一天长10分钟。所以，如果每天不及时复位生物钟，起床时间就会不断延后。那么，如何复位生物钟呢？答案就是沐浴晨光。一般而言，人在沐浴晨光的15个小时之后会再次产生困意，所以通过早上散步、沐浴晨光而复位生物钟能提升晚间的睡眠质量。

读者：所谓"15个小时之后"是指例如早7点散步的话，会在晚10点左右犯困吧？

作者：完全正确。如果入睡情况较好，睡眠质量也会得到提升，早上起来会感觉舒畅，从而保证24小时的生理节律，进而保证白天的清醒度，让你能高度专注地投入工作。

读者：早上散步竟然关乎工作效率，我一点儿都不了解。

作者：另外，晒太阳还能促进体内维生素D的合成，维生素D是强健骨骼的重要营养元素，也是人体极易缺乏的营养元素，除了通过食物摄取之外，体内合成也至关重要。

读者：看来早上散步真是好处多多啊！那么，散步多长时间为好呢？

作者：由于合成维生素D需要15~30分钟，因此散步时间也应以此为宜。超过30分钟的散步会导致分泌血清素的神经系统出现疲劳。在起床后1小时内复位生物钟最为理想，我们应该养成起床后尽快去散步的习惯。因为血清素在上午分泌得较为旺盛，即使做不到早起，只要能在上午时段内散步也可达到相应效果。

读者：我家距离最近的车站也有一定距离，我能利用通勤时间散步吗？

作者：如果能在起床后1小时内出门，便能获得与早上散步同样的效果。不过，如前所述，激活血清素需要"咀嚼"过程，所以吃早餐非常重要。你最好能在早上散步之后按时吃早餐。

读者：说起早餐，总是被我忽视，虽然我也知道不吃早餐会影响大脑运转。

作者：吃早餐除了能激活血清素之外，还能刺激胰岛素分泌，从而让身体进入日间模式。即血清素让大脑清醒，胰岛素恢复身体，从而实现生物钟的双重恢复。有研究显示，按时吃早餐的孩子的学习能力测试分数会提高十几个百分点。为了最大限度地提升日间的大脑及身体状态，早餐绝不可忽视。如果让我推荐一种早餐食材，我推荐香蕉，因为其富含的色氨酸能辅助人体合成血清素。

读者：明白了。我从明天开始早上散步，然后吃香蕉。既然早上散步的好处如此之多，放弃岂不可惜！明天天气如何呢？（查看天气软件）啊！明天有雨，真是太可惜了！下次再说吧。

作者：雨天也能充分激活血清素！说干就干，请从明天早上开始散步吧！

---

### 小　结

☑ 早上头脑昏沉是由于血清素分泌不足。

☑ 早上散步能刺激血清素分泌、促进维生素D的合成、复位生物钟。

☑ 在沐浴晨光的15个小时后会产生困意。

☑ 早上散步应在起床后1小时内进行，时间为15～30分钟。

☑ 建议在早上散步后食用香蕉。

## 提高工作效率

我之前一直不擅长早起，是典型的"夜猫子"，早上也总是不睡到闹钟响前的最后1分钟绝不罢休，所以起床及穿衣打扮的时间所剩无几。在我成为医生之后还延续着原来的作息习惯，早上苦不堪言、上午状态不佳。每当我工作繁忙、压力陡增时，早起就变得更加困难，甚至一上午都处于混沌状态。如今想来，当时的自己距离抑郁症仅有一步之遥。之后的某一天早上，我醒来时顿感神清气爽，走到窗户边一看，窗帘一直拉开着。原来昨晚我没拉窗帘就睡着了，正是从窗口照进的晨光让我愉悦地醒来。

为何沐浴晨光能获得如此清爽的醒时感觉呢？据醒时感觉相关脑科学研究证明，沐浴晨光与大脑物质——血清素呈正相关，而且节奏性运动也能激活血清素，所以我开始在假期里进行早上散步。如此一来，上午的困倦状态得到了明显改善。此前，我习惯在工作完成后的深夜撰写论文，一般写3行就需要花费15分钟，而我在进行早上散步后，写论文的效率也达到了此前的3倍左右。

**朝阳改变人生**

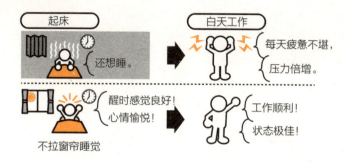

通过早上散步，我摆脱了之前的低迷状态，以高度专注的状态度过起床后的2~3小时，并最终完成了我的第一篇英语论文（学位论文），这篇论文还被世界一流病理学杂志《美国病理学杂志》（*American Journal of Pathology*）收录。我的工作业绩也受到了业界认可，使得我有机会去到世界顶尖研究室——美国芝加哥伊利诺伊大学精神科研究室留学。

早上散步让我身心愉悦，状态也获得提升，因此我经常建议患者进行早上散步。此前，我在治疗精神疾病时以药物疗法为主，这也是治疗此类疾病的最常规手段，不过其疗效不甚理想。这类患者大多过着黑白颠倒的生活，他们习惯在夜间玩电子游戏、看电视、上网，而感到困时一睡就睡到中午。当这些在半年或一年都未能治愈的患者开始早上散步之后，奇迹发生了，他们的疾病竟然得到了彻底治愈。

早上散步能改变人生！我以及那些久治不愈的精神疾病

患者的亲身经历就是最有力的证明。所以，仅30分钟的早上散步便能让我们的人生向好的方向发展。

**治愈者与久治不愈者的区别**

 沐浴晨光，进行早上散步让工作顺遂、人生向好。

## 晨光激活血清素

　　早晨沐浴阳光散步能激活血清素，而血清素是维护身心健康必不可少的大脑物质。血清素属于安静型幸福物质，具有稳定情绪、治愈及舒缓心情的作用，被人们称为"大脑物质指挥官"，可调节多巴胺及去甲肾上腺素等物质的分泌水平。另外，血清素还具有缓解压力的作用，充分分泌可使人体抗住一定压力。血清素与去甲肾上腺素同为与专注力密切相关的物质，对于提升专注力及工作效率必不可少。

反之，一旦神经疲劳而导致血清素分泌不足时，会出现什么症状呢？具体而言，会出现焦虑易怒、紧张不安等情绪不稳定的症状，严重时还会导致我们情绪低落、意志消沉、早起困难、上午工作效率低以及夜晚入睡困难、睡眠质量差等症状。这些均为大脑疲劳的表现，也是罹患精神疾病的前兆。如果任由其发展而导致血清素水平进一步降低，则会诱发抑郁症、恐慌症、睡眠障碍等多种精神疾病，同时还会造成自主神经紊乱，引起多种身体不适。换言之，血清素就是健康的保障，也是调节身心的重要物质。

### 血清素的作用

| 具体作用 | 分泌不足时的症状 |
| --- | --- |
| 治愈、舒缓 | 情绪低落、意志消沉、心情黯淡 |
| 稳定情绪 | 情绪不稳、烦躁易怒、焦虑不安、赌气冲动 |
| 大脑物质指挥官 | 可导致抑郁症、恐慌症、强迫症、焦虑症、睡眠障碍等多种精神疾病 |
| 调控醒时感觉 | 无法早起、上午状态低迷 |
| 提升专注力、清醒程度 | 专注力低下、工作效率低、无法集中精力 |
| 调控自主神经 | 自主神经紊乱、各种身体不适、诱发自主神经紊乱症 |
| 生成睡眠物质——褪黑素（助眠） | 没有睡意、很难入睡、睡眠质量差、睡醒后无法消除疲劳、诱发睡眠障碍及失眠症 |

续表

| 具体作用 | 分泌不足时的症状 |
|---------|----------------|
| 缓解疼痛 | 不耐疼痛、忍耐力降低、周身疼痛 |
| 管控身姿 | 姿态不佳、驼背、前屈 |
| 管控表情 | 无笑容、无锐气、缺乏表情、萎靡不振 |

如果你早起心情舒畅、干劲十足，说明体内血清素得到了充分激活；如果你无法早起、喜欢赖床或是白天焦虑不安、无法集中精力，多是由血清素分泌不足所致。当你在清晨时漫步在蓝天碧树的环境中顿感神清气爽时，就是血清素已经开始分泌的证据。

**你属于下面哪种情况？**

心情愉悦！
干劲十足！
血清素分泌良好

心情不佳！
还想赖床！
血清素分泌不足

 赖床是血清素不足的标志。

## 早晚习惯关乎睡眠

对于睡眠情况不佳、入睡困难以及服用安眠药的人，尤其需要早上散步。早上散步不仅能明显改善睡眠，长期坚持还可以摆脱对安眠药的依赖。

每5个日本人中就有1人有睡眠问题。那么，他们应该如何解决这一问题呢？首先，应彻底改掉影响睡眠的睡前不良习惯，将其变为益于睡眠的良好习惯。通过改善睡前习惯以改善睡眠障碍得到了相关研究的证实，也与我的临床经验相吻合。不过，睡眠情况不佳的人几乎都不太在意自己的睡前行为，而且已经养成了各种不良的睡前习惯。

对此，2013年我围绕"改善睡前习惯"这一课题出版了《酣然入睡之十二法则》一书。如能践行书中的内容，相信绝大部分的睡眠障碍者都会得到治愈。该书出版后，很多读者给我发来电子邮件表示自己的睡眠质量得到了明显改善，不过也有少部分读者（约占总数的四分之一）表示实践书中的内容之后，睡眠情况并未改善。由此我发现，仅改善睡前习惯是不够的。之后，我还针对后者的反馈进行了充分调研，终于发现他们的晨间习惯也存在一些问题，例如有些人习惯睡到中午，有些人习惯一上午都待在房间里。对于这类人群，我建议他们早上散步，从那之后，这些人的睡眠情况得到了明显改善，就连长年服用安眠药的人也可以在不服药的情况下安然入睡。由此可知，改善睡眠必须从改善夜间习惯与晨间习惯两方面同时入手。

市面上的睡眠相关图书让人目不暇接，其中很多书都提到了如何改善夜间习惯，而关于改善晨间习惯的图书则凤毛麟角。如果你的睡眠出现了问题，可同时践行本书的第一章内容与本章的"晨间习惯"相关内容，以最大程度改善睡眠。

**不良生活习惯与良好生活习惯**

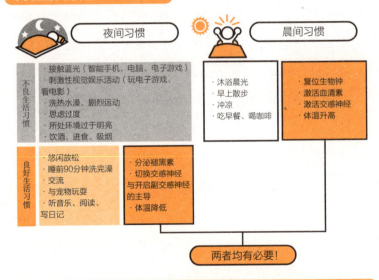

 夜间习惯与晨间习惯都会影响睡眠。

## 助眠的科学依据

早上散步助眠的科学依据具体是什么呢？

（1）生成睡眠物质——褪黑素

如果想在夜晚出现睡意时进入深度睡眠，需要满足两个必要条件，即"放松（由副交感神经主导）"与"体温降低"。除此之外，褪黑素的分泌也必不可少。

血清素是生成褪黑素的必要物质。褪黑素以早晨至下午时段生成的血清素为原料，从日落后开始生成，随着其浓度增加而让人睡意渐强，在深夜时褪黑素浓度会达到峰值。所以，那些毫无睡意、入睡困难、依赖安眠药入睡的人很可能是由于褪黑素分泌不足。除助眠之外褪黑素还具有增强免疫力、抗癌、抗氧化、抗衰老、加速新陈代谢、消除疲劳等功效，它能影响细胞更新代谢及脏器休养并恢复体力。

由于血清素对于生成褪黑素来说必不可少，所以激活血清素显得尤为重要。激活血清素的方法包括沐浴晨光、节奏性运动及咀嚼。通过早上散步后吃早餐便能激活血清素。可见，早上散步能充分生成血清素及褪黑素，让我们在夜晚能酣然入睡。

褪黑素的功效有：①促进睡眠、催生睡意；②降低体温、加深睡眠；③调节体温；④提高免疫力、抗癌；⑤抗氧

化、抗衰老；⑥加速新陈代谢、消除疲劳。

（2）催生睡意

早上散步能复位生物钟，这一点与睡眠密切相关。具体而言，在复位生物钟的约15小时（14~16小时）后人会再次出现睡意。这是因为褪黑素是在生物钟复位后约10小时开始生成，再过约5小时其浓度进一步升高而催生睡意。对于早上7点起床外出散步的人而言，在15小时之后，即晚上10~11点会出现睡意，此时入睡能确保7~8小时以上的睡眠时间，即获得理想的睡眠节律与睡眠时间。如果生物钟不能充分复位就会导致该睡觉时毫无睡意，这也是失眠的最主要原因。

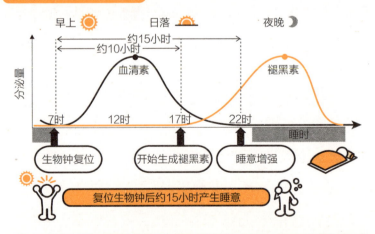

生物钟的复位与人的睡意

难有睡意者更需沐浴晨光。

## 复位生物钟

人体内存在计时精准的生物钟。各种在早晨、傍晚及夜间分泌的激素会以生物钟为基准，按照时间单位反复调控分泌量，同时生物钟还能调控激素及大脑物质节律以及体温、能量代谢、血压、心率、免疫力、食欲等人体一整天的健康节律变化。一旦生物钟出现紊乱，人体便不能准确识别白天和夜晚，致使深夜时也毫无睡意，进而影响睡眠质量。睡时、醒时节律出现紊乱会导致我们早晨起床困难，即便勉强起来，早晨及上午的状态也较差，以致工作效率低下，严重时还会陷入昼夜颠倒的泥淖，由此衍生出"窝家族"及"旷课族"。

对于健康人而言，自主神经系统的交感神经在白天处于活跃状态，副交感神经在夜晚时处于主导地位，一旦该节律发生错乱会导致"自主神经紊乱症"，从而引起身体不适。

众所周知，生活习惯无规律是诱发中老年疾病的主要原因，尤其是生物钟紊乱更易导致肥胖，甚至引发多种疾病，具体包括高血压、糖尿病、脂质异常症、脂肪肝、癌症等几乎所有中老年疾病，以及自主神经紊乱、睡眠障碍、抑郁症等精神疾病。

生物钟紊乱诱发的疾病有：①睡眠障碍、失眠；②昼夜节律障碍、昼夜颠倒；③自主神经紊乱、身体不适；④高血压、糖尿病、脂质异常症；⑤肥胖、食欲亢进、易胖体质；

⑥窝家、旷课；⑦不孕；⑧季节性情绪障碍，如冬季抑郁；⑨轻度认知障碍、急性脑综合征；⑩时差症（时差综合症）。

那么，生物钟为何容易出现紊乱呢？其原因就在于人体生物钟的时长为24小时10分钟。一天时长为24小时，而生物钟时长则比一天稍长一些。几十年前的研究认为，生物钟时长为25小时，然而最新研究证明生物钟并未达到此长度，而且生物钟存在较大个体差异，其上下浮动范围在10分钟左右，正是这种个体差异衍生出早起者与晚睡者。

复位生物钟需要沐浴晨光、运动及进餐这三个环节，其中尤为重要的是沐浴晨光。一般而言，只要沐浴晨光便能及时复位生物钟。

总之，每天进行15~30分钟的早上散步之后吃早餐，便能充分完成生物钟的复位。

**如何复位生物钟**

| 1 沐浴晨光 | 2 运动 | 3 进餐 |

通过早上散步、吃早餐来复位生物钟

晨光中散步、及时吃早餐。

# 增强骨质

随着年龄增长，人体的腰腿功能下降，跌倒时极易发生骨折，很多人在骨折之后只能长期卧床。虽然现在已进入"百岁人生"的时代，但是饱受疾病困扰的百岁人生又有什么乐趣可言呢？所有人都希望拥有高质量的生活，所以延长寿命的同时保持健康尤为重要。

为了防止跌倒后卧床，提升骨质密度至关重要。生成结实骨质需要钙（Ca）与维生素D，维生素D是辅助肠道吸收钙从而强健骨骼的维生素，也是人体极易缺乏的一种营养元素。有8成日本人的维生素D摄入不足，4成日本人的维生素D处于缺乏状态。维生素D缺乏会加速骨质疏松，而骨质疏松则极易发生骨折，比如稍微磕绊摔倒就会导致腿部骨折，如果摔倒时用手撑地还可能导致手部骨折。

**钙与维生素 D 能强健骨骼**

肠道　钙　活性维生素D促进钙吸收　生成骨质

175

有些人觉得自己年纪不大所以不会骨折，然而仅一年时间，我身边就有两位50多岁的朋友相继骨折。

患有骨质疏松的日本人达1100万人以上，其中女性患病率是男性的3倍，尤其是闭经后的女性更易患有此病症。在60岁以上的女性中，每3人就有1人患有骨质疏松，而70岁以上的近半数女性均患有骨质疏松。有些人即便未患脑血管疾病或阿尔茨海默病等恶性病症，摔倒时也可能骨折。一旦入院就会导致人的肌肉量减少，甚至需短期卧床，这一点尤需注意。

预防骨质疏松的三点要素：①饮食；②运动；③沐浴晨光。

维生素D可通过饮食摄取，不过其必要含量的一半可由人体自身合成。让皮肤接触日光（紫外线）即可合成维生素D，其必要接触时间一般为夏季15~30分钟，冬季则需更长一些。因此，进行15~30分钟的早上散步可实现"运动+日光浴"的双重效果，能有效预防骨质疏松。

维生素D的保健效果十分卓越，能将所有癌症患病风险降低25%，将流感等病毒感染风险降低50%以上，还能有效预防糖尿病、脑卒中、心肌梗死、高血压、肥胖等几乎所有中老年疾病，同时还能预防抑郁症、阿尔茨海默病等精神疾病。可以说，维生素D是终极健康物质，而每天早上散步便能合成该物质，可见早上散步具有非常好的保健功效。

维生素D的显著功效有：①促进钙吸收、预防骨质疏松；②预防癌症；③提高免疫力（预防感染症及流感）；④预防糖尿病、脑卒中、心肌梗死、高血压；⑤预防抑郁症、阿尔茨海默病；⑥抑制肥胖、减肥。

"饮食＋日光浴"便可让人体自主合成维生素 D。

# 最佳散步时间

## 散步时长

总体而言，以防病和保健为目的的人散步15分钟为宜，以治疗和改善为目的的人则应散步30分钟。下面，介绍散步时间的相关科学数据。

- 当2500lx以上的光照入视网膜时生物钟复位。
- 沐浴2500lx以上的光达5分钟以上时血清素被激活。
- 进行15分钟以上的节奏性运动时血清素被激活。
- 沐浴20~30分钟的日光时维生素D被激活。

以防病和保健为目的的人，一般身体状况较为良好，其生物钟及血清素机能基本正常，所以进行15分钟的早上散步便可达到明显效果。然而，以治疗和改善为目的的人，多半睡眠情况不佳或患有精神疾病及自主神经紊乱，他们多在上午感到大脑疲劳、身体不适、精力匮乏，其生物钟错位、血清素机能低下的可能性很高。为了恢复至正常状态就需要充分沐浴晨光及运动，所以应以"散步30分钟"为目标。

人们起床时头脑昏沉而在早上散步后逐渐感到神清气爽，这正是血清素被激活的证据。很多人会问"早上散步多长时间为宜"，答案是达到神清气爽的程度即可。如果你在散步时尚未有如此感受，可将散步时间延至30分钟左右。

### 时间控制

进行45分钟或60分钟的长时间散步是否能将早上散步的效果最大化？如果早上散步的目的是激活血清素，那么30分钟足矣。当散步时间超过30分钟时会导致血清素神经疲劳，从而产生反作用。由于早上散步不同于减肥运动，没必要刻意延长时间。想要实现早上散步效果的最大化，不是延长散步时间而是要做到每天散步15~30分钟。

### 散步频率

以防病和保健为目的的人无须每天进行早上散步，而以治疗和改善为目的的人则应尽可能地做到每天早上散步。前者的生物钟基本处于正常状态，即便生物钟偶尔未复位，也不会引发严重问题。然而，后者努力改善的生物钟及血清素机能很可能因为数日偷懒而功亏一篑，所以应该坚持每天早上散步。

早上散步的目标

| 目的 | 对象 | 时间 | 频率 |
|------|------|------|------|
| 防病和保健 | 想预防中老年疾病者<br>想保持健康者<br>现在并无明显疾病及症状者 | 15分钟 | 尽量进行 |
| 治疗和改善 | 精神疾病治疗中人群<br>难以早起或上午状态不佳者<br>身心状态不佳者<br>易产生脑疲劳与压力者 | 30分钟 | 每天 |

 早上散步的时间以自我感觉良好为宜，无须刻意延长。

## 起床后 1 小时内散步

### 散步时段

需在起床后1小时内进行早上散步，因为早上散步的意义在于复位生物钟，即将起床时间告知大脑与身体。如果你在早上6点起床后一直待在昏暗的房间内，直到9点左右出门上班时才接受光照，那么生物钟的复位时间就是9点。由此可知，睡醒与生物钟复位之间存在3小时偏差。所以，不要使早上散步时间与起床时间间隔过长，最好在起床后1小时内进行早上散步。

**为何要在起床后尽快散步**

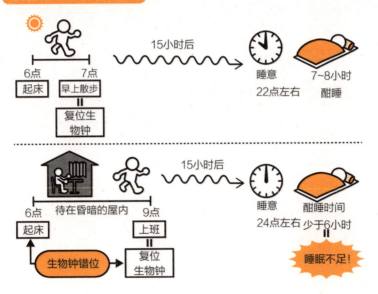

## 截止时间

对于上班族及学生而言，一般需要在9点前完成早上散步。然而，大部分精神疾病患者或习惯昼夜颠倒的人却习惯睡到中午，无法做到9点前完成早上散步。

血清素在上午生成，傍晚之后以血清素为原料生成睡眠物质——褪黑素。从傍晚至夜晚，"血清素工厂"便逐渐进入休眠状态。因此，旨在激活血清素的早上散步应在上午完成。如果下午较晚时间散步就会丧失其原有效果。精神疾病患者应设法将起床时间逐步提前至9点前，如此一来，其相关症状也会得到有效缓解。

### 应对起床困难

有些人以"无法早起"为借口而拒绝早上散步，其实早上散步并不意味着每天都必须在早上6点起床，只要能在起床后1小时内进行早上散步即可。由于早上散步的目的是沐浴晨光，因此日出前散步并无效果。

### 巧用通勤时间

如果能在起床后1小时内利用通勤、上学时间进行15分钟左右的快步走，便可达到与早上散步同等的效果。

**上班时早上散步的秘诀**

有节奏、步履
稳健地快步走

选择向阳地
而非背阴地

选择地上
而非地下

选择电车中能受到
日照的座位

 起床后 1 小时内进行早上散步，日出前无效果。

## 有效散步与无效散步

　　有些精神疾病患者早起时状态不佳，无法外出散步。早上散步的意义在于沐浴晨光与节奏性运动，对于身心状况不佳而无法外出散步的人，可以先从晒太阳开始。选择在朝阳的房间窗前或阳台等光照充足的场所，晒15~30分钟太阳。晒15分钟太阳便可在一定程度上激活血清素、复位生物钟，进而改善睡眠、提升早起时的精神状态。

　　当逐步适应在室内晒太阳之后，可尝试去室外晒15分钟太阳，选择离家较近的公园或路边的长椅上坐着晒15分钟即可。室外光线的照度是室内的10倍以上，能帮助大脑充分清醒。如果精神疾病的情况得到好转，可尝试早上散步5分钟，之后再将散步时间逐渐延长至10分钟、20分钟，最终得以实现早上散步30分钟的目标。

**照度与光照对照表**

| 照度（lx） | 光照估算 |
|---|---|
| 1000000 | 晴天（室外） |
| 30000 | 阴天（室外） |
| 15000 | 雨天（室外） |
| 2500 | 晴天（日出后）<br>晴天（距离窗边1米） |
| 1000~1300 | 便利店内 |
| 500 | 荧光灯照明的事务所 |

激活血清素

注：表中数值随环境不同而变化，仅供参考。

散步时需要让光照入眼睛，所以不可以佩戴太阳镜。蓝光接触眼睛可将"早晨"这一信号传递给大脑，在早晨、上午接触蓝光均符合自然规律，所以早上散步时无须佩戴防蓝光眼镜。

接触5分钟2500lx以上的光照即可激活血清素，雨天光照（照度）为15000lx，足矣激活血清素。

傍晚至夜晚时散步无益于激活血清素、复位生物钟，仅起到运动作用而已。

**能否激活血清素?**

晒太阳　　雨天散步

应该做

佩戴太阳镜
或防蓝光眼镜　　夜晚散步

不应该做

 先从晒太阳这类力所能及的事做起。

## 不可一心二用

散步时能否一心二用？答案是"不可以"。血清素通过节奏性运动被激活,只有按照"1-2-1-2"的节奏进行的协调性运动才是节奏性运动。被称为"大脑指挥官"的血清素只有在进行节奏性运动的前提下才能帮助身体彻底苏醒。所以,早上散步时切不可打乱原有节奏,不要练习外语听力,也不要听广播等信息量较大的内容,而音乐利于身体掌控节奏,可在散步时听音乐。出现极端天气时,可通过室内的节奏性运动代替早上散步。具体包括做广播体操、上下梯凳、爬楼梯等。

如果无法早上散步或吃不下早餐时,可通过嚼口香糖激活血清素。嚼口香糖最少需要5分钟，按嚼20分钟口香糖计算，在咀嚼之后（咀嚼开始后30分钟）血清素也能旺盛分泌。不过，咀嚼30分钟以上时的效果与此相同，所以嚼口香糖的最佳时长为5~30分钟。

　　当你专注力下降或感到烦躁时，可在休息时嚼口香糖提升血清素水平，从而起到转换情绪的作用。

**嚼口香糖引起血清素量变**

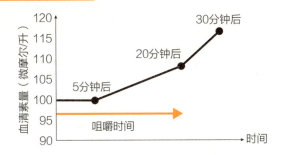

　　早上散步并非慢跑，散步、快步走足矣。早起后立即进行流汗程度的剧烈运动反而对身体有害。由于早起后人体处于缺水状态，血液变得黏稠，当血压快速上升时极易引发心肌梗死。一天中的8—10点是心肌梗死的高发时段。另外，空腹（低血糖）状态下慢跑并无益处。此时肌肉较为僵硬，慢跑时更易出现受伤等意外情况。体力较好者可根据自身情况进行慢跑，不过需要事先做好补充水分、适量进食、充分热身等准备工作。

各种节奏性运动

| 常见型 | 咀嚼型 | 特殊型 |
|---|---|---|
| 步行　广播体操 | 嚼口香糖 | 腹式呼吸　发声练习 |
| 爬楼梯　骑自行车 | 进餐（细嚼慢咽） | 唱歌　跳舞 |

 早晨无须费力跑步，唱唱歌也不错。

# 香蕉的功效

　　人在早上起床后处于缺水状态，即血液变得黏稠，所以应该喝一杯温水及时补充水分。我们应该在早起后至外出散步前的时段内补充水分，这一点需牢记。在血液黏稠时进行剧烈运动极易引发心肌梗死，请大家切勿大意。

　　另外，早餐是在散步之前吃还是之后吃好呢？由于早上散步的目的是复位生物钟，应在起床后1小时内进行。对于自己准备早餐的人而言，从做到吃大概需要20~30分钟，如此一来就很难在起床后1小时内走出家门，所以可选择散步后回家吃早餐。不过，如果你在空腹时感到身体倦怠、体力不支，则很可能患有低血糖，可在适当进食之后再出去散步。

### 大脑与身体的生物钟

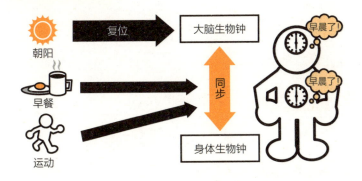

市面上的一些书提出"一日一餐或一日两餐更健康"的观点。然而，精神医学教科书中一直将摄取营养均衡的一日三餐作为精神疾病患者的治疗方法。实际上，绝大多数精神疾病患者都有因不吃早餐而导致营养失衡的状况。如果你觉得一日一餐或一日两餐也能让自己保证良好状态，尽可如此为之。但正常情况下，早上必须要吃早餐。这是因为早餐对于复位生物钟不可或缺。人体生物钟包括大脑生物钟与身体生物钟。大脑生物钟存在于大脑丘脑下部及视交叉上核区，而身体生物钟则分布于消化道、肝脏、肾脏等脏器中，它们各自记录自己的时间。沐浴晨光使大脑生物钟得以复位，而身体生物钟与大脑生物钟之间则存在细微偏差。有的人在上午时头脑已清醒，而身体却仍感倦怠或自觉身体未恢复如常，对于这种人来说，他们的大脑生物钟与身体生物钟发生错位的可能性很高。所以，我们需要每天将大脑与身体的生物钟进行一次同步，这就需要依靠吃早餐。吃早餐能使我们的血糖上升、为全身供能、启动全身细胞，身体各脏器生物钟由此接收到"开始新一天"的信号。

**一日两餐是否健康**

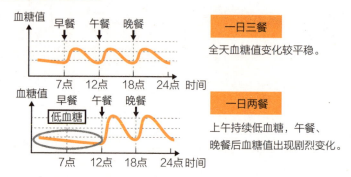

（资料来源：日本医师会官方网站）

应进行早上散步的人群包括上午效率低下者、精神疾病患者及睡眠障碍者等，他们需要通过吃早餐同步大脑与身体的生物钟，从而加强生物钟的自我调节功能，有效改善各项身体机能。

归根结底，大脑生物钟是主角而身体生物钟是配角。如果没有沐浴晨光而只吃早饭的话，生物钟同样不能很好地复位。

## 低血糖影响早晨状态

有的人习惯在早晨拖延起床时间而无暇吃早餐，或者因为早起状态不佳而吃不下早餐。

大脑能量源为葡萄糖，低血糖会使我们头脑昏沉、专注力低下、状态不佳。不吃早餐会使人体在上午一直处于低血糖状态，想要在此状态下高效工作比较困难。另外，将一日三餐摄取的热量改为以一日两餐摄取会造成血糖值急剧变化，极易诱发糖尿病。早晨及上午状态不佳的人极易陷入"早起低血糖→感觉不适→不吃早餐→上午持续低血糖→上午工作效率低下"的恶性循环。此时，哪怕吃一个饭团或一根香蕉也能改善低血糖，所以早晨状态不佳者更应重视早餐。

尽管上文强调了早餐的重要性，某些没有吃早餐习惯的人也很难做到。对此，我建议他们可以用香蕉代替正常的早餐。香蕉能辅助人体生成血清素，其所含的色氨酸是合成血清素的必要氨基酸，它无法在人体内生成，只能从饮食中摄取。然而，摄取色氨酸时必须同时摄取维生素$B_6$及碳水化合物，否则会导致色氨酸难以被人体吸收。而香蕉便是同时含有色氨酸、维生素$B_6$及碳水化合物的食材。如果你想通过早

上散步激活血清素，不妨选择香蕉作为早餐。

**生成血清素的必要食材**

 早餐能复位生物钟，将早上散步效果最大化。

## 如何及时清醒

对于早起困难者而言，起床本就已苦不堪言，更别提去散步了。对此，我给出以下4条建议。

（1）拉开窗帘睡觉

让晨光照入室内更易让人自然醒来。因为血清素从阳光照入眼睛时便开始生成，当我们在昏暗环境中突然被叫醒时，血清素水平几乎是零，所以我们的情绪自然不佳。拉开窗帘睡觉可使血清素从我们睁开眼睛的那一刻起便开始生成，我们的情绪自然会得到充分缓解。如果觉得室外街灯或光照会影响我们的睡眠，可选购能连接智能手机或智能音箱的电动窗帘，使用起来十分便利。

（2）睁眼冥想

很多不擅长早起的人经常在闹钟响起之后立刻关掉闹钟，然后继续蒙头大睡。其实，当闹钟响起后应该做的不是闭目而是睁眼。睁眼3分钟可使视网膜接受光刺激从而激活血清素，进而提升清醒度，缓解情绪。

不过，睁着眼睛什么也不做实在难受，此时我们可以进行意象训练。例如，在脑中预演当日日程、生活工作安排等事项。通过3~5分钟的专注性睁眼冥想让大脑充分清醒，进而激发干劲。我一般会进行"执笔冥想"，即在脑中构思待撰写的书稿内容。如此一来，从开始工作的那一刻起，我的文思便如泉涌般喷薄而出。

（3）早晨淋浴

人体温度在我们睡眠时会下降，然后随着我们睡醒而逐步上升。反之，体温难以上升的人都不擅长早起，此时可以通过淋浴刺激体温上升以加速清醒，选择稍热的水温能有效促进我们清醒。

（4）冷水淋浴

如果热水淋浴无法让我们的头脑完全清醒，可进行30秒的冷水浴将神经系统切换为交感神经主导，帮助大脑彻底清醒。

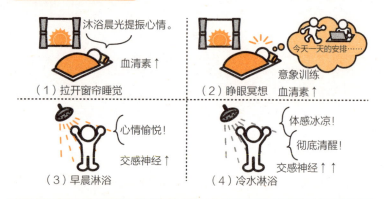

**提高清醒度的晨间习惯**

（1）拉开窗帘睡觉 沐浴晨光提振心情。 血清素↑

（2）睁眼冥想 意象训练 今天一天的安排…… 血清素↑

（3）早晨淋浴 心情愉悦！ 交感神经↑

（4）冷水淋浴 体感冰凉！ 彻底清醒！ 交感神经↑↑

 起床后启动交感神经，按下新一天的加速键！

## 早上散步的常见问题

### 是否属于运动

在第二章中，我提到"每周需进行150分钟的运动"，那么早上散步能达到这个运动量吗？如果进行的是步速略快且有节奏感的早上散步，就完全能达标。即有早上散步习惯的人完全可以实现每周150分钟的最低运动量。不过，早上散步这类低强度运动还不足以实现生长激素及脑源性神经营养因子的充分分泌，最好附带每周两次、每次45分钟以上的中等强度运动以及每周数次的肌肉训练。

### 是否需要做防晒措施

经常有人问我："因为担心受到紫外线的伤害，早上散步时是否可以佩戴防晒口罩、手套，或涂抹防晒霜？"

从激活血清素及复位生物钟的角度而言，采取一定的防晒措施亦无不可。不过，完全遮盖肌肤会导致维生素D无法被激活，因为维生素D只有在肌肤接触紫外线时才会被激活。尽管有些化妆品广告宣称"紫外线是美容天敌"，然而完全不接触紫外线的生活也不利于健康。建议紫外线过敏者在清晨日照较弱时段完成早上散步。如果担心脸被紫外线晒伤，我们仅需

在脸部涂抹防晒霜即可。

## 多长时间见效

从开始早上散步之后多长时间我们才能感受到效果？这个问题存在个体差异，有的人一周便可见效，有的人则需1个月才能见效。对于睡眠障碍者、精神疾病患者以及目前正服药治疗的患者，其血清素神经已相当脆弱，一般需进行3个月以上的早上散步方可收获成效。抑郁症等病患的血清素水平较低，其血清素受体数量持续增加。一般而言，此类患者需进行2~3个月的早上散步方可激活血清素神经，使血清素正常分泌，进而减少血清素受体数量（达到正常水平）。总之，我们无须思虑过多，最重要的是能从每次散步中获得良好体验。享受每天散步带来的清爽、愉悦之感，在日复一日的坚持中让身心变得更加健康。

## "早上散步"小结

【基本要点】

· 起床后1小时内散步15~30分钟。

· 身心健康者散步15分钟即可。

· 精神状态不佳者散步30分钟。

【注意事项】

· 有节奏地进行快步走。

· 无须超过30分钟。

· 无须勉强早起。

· 需在上午（11点之前）完成。

· 雨天亦有效果。

· 不要佩戴太阳镜。

· 不要采取过度的防晒措施。

· 无须慢跑，步行即可。

 附带肌肉训练能促进生长激素与脑源性神经营养因子分泌。

## 早上散步之你我他

　　前文虽已详细阐述了早上散步的相关内容，可能还有很多人对其效果抱着将信将疑的态度。下面，请几位亲历者谈一谈早上散步对于改善睡眠、情绪、身体状况、抑郁症及自身状态的实际效果。我曾通过网上杂志募集亲历者对早上散步的实际体验感受，没想到竟然收到74位亲历者的回复，现将其内容概括如下。

（1）显著改善睡眠

我曾在大学的研究生院从事研究工作，由于每天都工作至临睡前，导致我直至深夜也无法安然入睡。直到开始早上散步后，我的情况才有所好转。之前，我为了能快速入眠而每天洗澡，然而经常躺在床上好几个小时都睡不着。如此一来，早上起床更加头昏脑涨，只能拖着困倦的身体进行研究工作，感觉每一天都如同炼狱。正在煎熬之时，我听闻桦泽医生关于"早上散步"的介绍，感觉自己应该即刻尝试，于是第二天一早我就挣扎着起床开始了早上散步。如此一来，我全身感到了前所未有的轻盈，清早的睡意顿时烟消云散，整个人都沉浸在云开雾散的清爽氛围中，而且每逢夜晚我都睡意十足，在不知不觉中得以安然入睡。

至今我已坚持早上散步数月了，正因如此我才能获得高质量睡眠，从而促进研究工作顺利进行。毫不夸张地说，早上散步彻底改变了我的人生。（奥田Y先生，24岁）

（2）治愈适应性障碍①而重新就业

由于之前工作不顺，我患上了适应性障碍，早上起不

---

① 一种主观痛苦和情感紊乱状态，是在明显的生活改变或环境变化时产生的、短期的和轻度的烦恼状态和情绪失调，常有一定程度的行为变化等，但并不出现精神病性症状。——编者注

来，也不愿走出家门，最终辞去了工作。此时，我意识到必须要治好自己的病，尤其在看到桦泽医生关于早上散步的视频之后，更加坚定了自己的决心。最开始时，我仅能做到穿上鞋、走到家门口或是走到离家最近的电线杆附近。在坚持一年之后，我已经能做到早上散步30分钟了。

早上起床后立刻去散步，清冷的空气能激活我的大脑，使我不再去想那些忧虑之事。每到夜晚我都能很快入睡，也能在早上按时醒来。之后，我重新开始了工作，体力也恢复得很好。现在，如果哪天早上没有散步，我的心情就会变差。

（真佑女士，33岁）

（3）显著提升工作效率

早上散步彻底改变了我的人生，最显著的效果是提升睡眠质量、驱散疲惫感。早起后散步10~20分钟能有效提振情绪。之前我多是从上午开始工作的，现在我能从早晨开始就投入工作，其效率是之前的2倍以上。早上散步不仅提高了我的工作效率，也让我的精神状态更加稳定，能冷静地判断各种事物，最大的成效是让我变成了一个开朗的人。每逢职场出现变动或气氛压抑时，我总能不受其影响而保持乐观情绪，于是我的人际关系也发生了变化。我会主动跟上级领导沟通、交流，从而被委派了自己擅长的工作。

对于早上散步的效果，我的感受如下：坚持1个月时，睡眠质量及精神状态都会变好；坚持2个月时，精神状态更加稳定，工作效率有所提升；坚持3个月时，身体会发生各种明显变化，自己也变得更加自信、开朗。

对于身心健康者而言，早上散步能帮助其提升工作业绩、实现自我成长、提高效率。我最近还发现感到困倦时进行早上散步能快速提升专注力，这个发现让我倍感惊喜。今后，我会继续保持早上散步的习惯。（雅人先生，24岁）

（4）改善抑郁症

我因丈夫调动工作而患上了抑郁症。之后，丈夫接连又调动了好几次工作，我也在精神科治疗了6年。在治疗的第5个年头的一次偶然机会，我看到了桦泽医生在油管网上的视频，不禁有醍醐灌顶之感，也学到了很多关于运动、睡眠、早上散步的重要知识。首先，我决心保证7小时的睡眠时间。

由于当时我还在服药期间，因此很多时候无法早起外出散步，于是我先做到起床后去窗边晒太阳。就这样，我在窗边坐着的时间逐渐增多，不知不觉减少了服药次数。之后，我在一年内都没再服药，只是定期去医院诊治。直到有一天，主治医师告诉我可以不用再来了，就连之前一直进行的心理咨询也在一年后终止。

在停止服药的一年里，我根据自身情况将窗边晒太阳改为外出散步5分钟。虽然身体状况未出现快速好转，情绪也时好时坏。不过，我之前很喜欢跑步，于是开始在家周围快步走，并逐渐加快速度，现在我已经养成每周慢跑2小时的习惯了。最初我连100米也跑不了，而现在能跑15000米。

我认为晨练的效果具体表现为以下几点：

①控制易怒情绪，对待事物的看法更为积极；②夜晚会产生睡意，不会半夜醒来而能一直睡到天亮；③降低饮酒冲动；④早上有饥饿感，乐于自己烹饪早餐；⑤减重8千克；⑥切实感受到活着的意义，对事物的看法有所改观。现在，我每周可以工作25小时，已经彻底消除了精神焦虑。桦泽医生，感谢您拯救了我。（"微笑知己"女士，44岁）

（5）乐于与人交流

每当我进行30~40分钟的早上散步时，一整天的心情都会非常舒畅。我平时不擅长与人交流，不过当我开始早上散步之后，与人交谈时我感到更加愉快。早上散步不仅能让心情变开朗，在构筑人际关系方面也具有不可思议的奇效，让我变得更加乐于与人交流、接触，更勇于尝试。

早上散步是每个人的必修课，除非你的大脑无须储备血清素这种必要物质。然而，人类大脑中存在血清素神经，只有激活必要的血清素神经人们才能顺利地与人进行交流与工作，从而愉快地度过每一天。我认为早上散步不仅是单纯的保健活动，更是维护人类自身健康的必要行为。（"读书引领人生"先生，23岁）

 按照自己的节奏循序渐进，切身感受早上散步的乐趣。

第四章

# 生活习惯

## 用 3 分钟了解本章的主要内容

读者：我刚过 30 岁就有肚腩了，有什么好的减肥方法吗？是不是应该戒食碳水化合物？

作者：过度减少碳水化合物的摄入会短寿。

读者：啊？还会短寿吗？那些所谓减少碳水化合物摄入的减肥方法都不可信吗？

作者：对于糖尿病患者及肥胖者有效，而其他人只要不是过量摄入碳水化合物就没必要强行减少。无论是过多或过少摄入碳水化合物都会提高死亡率。对于碳水化合物的摄入，我们不应该完全不摄入而应适量。只要平时不吃太多甜食，不天天吃"拉面+冰激凌"套餐，就无须减少摄入。

读者：累的时候难免会吃一些甜食。因为公司大楼里有咖啡店，每次外出回来都会买一杯焦糖拿铁。

作者：咖啡店的甜饮料中的碳水化合物含量过高，毫不夸张地讲，这类饮品对健康极为不利。如果你想减少碳水化合物的摄入，首先应该减少饮用此类饮料。

读者：好的，那么黑咖啡可以喝吗？

作者：可以，黑咖啡对身体非常有益，可以降低肝硬化、糖尿病、心脏病、癌症等各种疾病的患病风险，提升大脑机能与运动能力。据称，饮用黑咖啡的人罹患抑郁症的风险可以降低20%，还可以使自杀风险降低一半。

读者：效果惊人啊！看来黑咖啡不仅益于身体健康，还能调整心理状态。

作者：咖啡因具有醒脑效果，能提升专注力与注意力。科学已经证明在工作及开车之前饮用黑咖啡能起到提神醒脑的作用。

读者：您认可的健康饮食具体指什么呢？

作者：归根结底还是传统的日本饮食。日本料理多用糙米、发芽糙米、发酵食品、海藻以及富含二十二碳六烯酸（DHA）及二十碳五烯酸（EPA）等优质脂肪的鱼贝类食材，这类食材能有效提高人体免疫力。而且，日本料理常采用的蒸、煮等烹饪方法和生食也非常健康。

读者：不过，对于平时不做饭的人而言，烹饪一顿日本料理可是很费时费力的。开门见山地说吧，请桦泽医生教我一些能轻松完成的早餐菜谱。

作者：我每天早餐都会喝一碗菌菇海藻味噌汤，主食是加了藜麦（被称为"超级食材"）的发芽糙米饭。吃这样的早餐能够摄入除维生素C之外的全部营养元素，而且成本不高，适合长期食用。

读者：能一次性摄入多种营养元素的确不错！

作者：日本料理对于预防及改善抑郁症等精神疾病也很有效。另外，要保证按时摄入三餐且餐食营养均衡，食材不可太软，进餐时应细嚼慢咽，尤其是早餐更要如此，以此激活弱化的血清素神经。

读者：养成益于身心健康的睡眠、运动、早上散步及饮食习惯太重要了。

作者：本书介绍了提升心脑健康水平的方法，益于心脑的生活习惯就是益于身体的习惯。每3个日本人中就有2人死于中老年疾病，而中老年疾病的病因就在于不良生活习惯，所以养成良好的生活习惯就能有效预防中老年疾病。具体而言，就是调控睡眠、运动、饮食，以及戒烟、节制饮酒及减压这六类生活习惯。

读者：那么，您认为最不健康的生活习惯是什么呢？

作者：是吸烟。吸烟会使所有疾病的患病风险增加。例如，使肺癌及咽喉癌的患病风险提高4.8~5.5倍，使其他癌症的患病风险提高1.5倍。吸烟还会提高精神疾病的患病风险，使睡眠障碍发生风险升至原来的4~5倍、抑郁症患病风险升至原来的3倍。

读者：天啊！虽然我不吸烟，但是身边吸烟的同事每逢精力不集中时就会去吸烟室吸烟。所以，我有时想，要是能掌握一些提升专注力的方法就好了。

作者：吸烟能提升血清素、多巴胺等大脑物质的水平，让人有专注力提升之感，不过这种感觉只是暂时的。一旦停止吸烟，之前的大脑物质水平就会骤降，从而导致专注力下降，人也会变得焦虑不安、易冲动，最终可能罹患精神疾病甚至导致自杀。

读者：那如何做才能提升专注力呢？

作者：如你所想，除了改善睡眠、运动、早上散步、饮食等生活习惯之外，别无他法。

读者：对啊！

## 小　结

☑ 不应完全拒绝碳水化合物，而应适量摄入碳水化合物。

☑ 咖啡益于身心健康。

☑ 传统日本料理益于健康。

☑ 益于心脑的生活习惯也益于身体。

☑ 吸烟是导致免疫力下降的罪魁祸首。

## 吸烟者的隐忧

之前关于最重要的三种习惯，即睡眠、运动、早上散步进行了详述。接下来，介绍一下饮食、吸烟、饮酒、减压这四种生活习惯以及抑郁症、阿尔茨海默病、中老年疾病等具体病症的预防方法。

吸烟对健康最有害。相信很多人都了解吸烟的危害，我在此将其汇总如下页图。吸烟导致咽喉癌、肺癌的患病风险分别提高5.5倍、4.8倍，导致其他癌症的患病风险提高1.5倍。在男性所有因癌死亡的病例中约3成由吸烟导致，可以说吸烟是癌症的最大诱因。

大体算来，吸烟者与不吸烟者相比寿命会缩短10年左右，半数吸烟者的寿命会缩短15年，而四分之一吸烟者的寿命会缩短25年。在日本，每年因吸烟导致12万~13万人死亡，而且因被动吸烟①导致死亡的人数多达15000人。

很多人都知道吸烟有害身体健康，其实吸烟还会给我们的精神状况带来严重影响。吸烟者患抑郁症的风险会升至原来的3倍、患阿尔茨海默病的风险升至原来的1.4~1.7倍、患睡眠障碍的风险升至原来的4~5倍、自杀风险升至原来的1.3~2倍。日本人的吸烟比

① 也称"吸二手烟"。——编者注

例为男性29%、女性8.1%（据日本厚生劳动省2018年调查数据）。

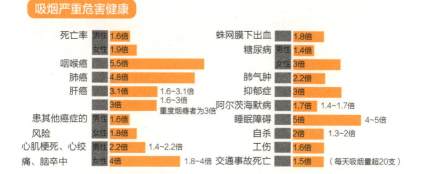

**吸烟严重危害健康**

| | |
|---|---|
| 死亡率 男性 1.6倍 | 蛛网膜下出血 1.8倍 |
| 女性 1.9倍 | 糖尿病 男性 1.4倍 |
| 咽喉癌 5.5倍 | 女性 3倍 |
| 肺癌 4.8倍 | 肺气肿 2.2倍 |
| 肝癌 3.1倍 1.6~3.1倍 | 抑郁症 3倍 |
| 3倍 1.6~3倍 重度烟瘾者为3倍 | 阿尔茨海默病 1.7倍 1.4~1.7倍 |
| 患其他癌症的 男性 1.6倍 | 睡眠障碍 5倍 4~5倍 |
| 风险 女性 1.8倍 | 自杀 2倍 1.3~2倍 |
| 心肌梗死、心绞 男性 2.2倍 1.4~2.2倍 | 工伤 1.6倍 |
| 痛、脑卒中 女性 4倍 1.8~4倍 | 交通事故死亡 1.5倍 （每天吸烟量超20支） |

有人认为吸烟可以提高专注力及减压，这种观点大错特错。由于吸烟会导致尼古丁依赖症，因此吸烟者平时的专注力会大幅下降，只有通过吸烟才能使其回到正常水平。所以，吸烟者会误以为吸烟能提升专注力、减轻焦虑及减压。

吸烟者的大脑情况如下页图所示。吸烟者只有在吸烟时，其脑电波的清醒度（专注力）才能与非吸烟者持平。然而，10~15分钟之后吸烟者的大脑机能会再次出现下降的情况，并在30~40分钟之后陷入尼古丁不足而想要吸烟的状态，同时出现清醒度及专注力下降的情况并伴有焦虑。此种状态最易引发交通事故或导致工作失误。

简言之，吸烟者在一天中的绝大部分时间都处于低效工作的状态。

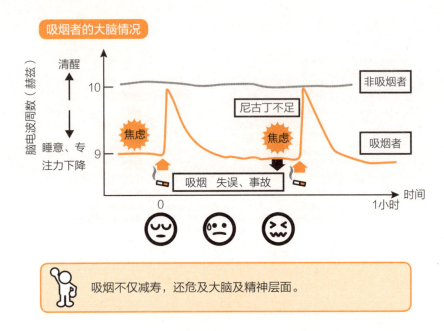

**吸烟者的大脑情况**

吸烟不仅减寿，还危及大脑及精神层面。

## 抵消烟草之害

很多人认为有着10年、50年烟龄的"老烟民"很难戒烟，其实这种想法存在误区。就肺癌而言，戒烟5年就会使患肺癌的风险降低约一半，戒烟10年时会使患肺癌风险降到与非吸烟者几乎同等水平。对于脑卒中、心肌梗死的患病风险而言，戒烟5年就会使其降到与非吸烟者同等水平，动脉硬化也会在戒烟2年后得到明显改善。

　　大体而言，从现在起戒烟10年就能抵消之前吸烟给健康造成的不良影响。所以，从何时开始戒烟都不晚。那么，为何戒烟如此之难呢？主要是由于"尼古丁依赖症"。该症与酒精依赖症、药物依赖症一样，让人的心理产生强烈欲求而忽视大脑发出的指令，从而让人难以忍耐不吸烟。具体而言，尼古丁依赖症包括心理依赖与身体依赖两部分，前者认为吸烟是生活的一部分，后者则认为不吸烟就焦虑难耐。

## 如何成功戒烟

　　（1）药物辅助

　　使用药物能显著缓解身体依赖。戒烟药主要包括尼古丁口香糖、尼古丁贴片及口服药［戒必适（Champix）、酒石酸伐尼克兰片］三种。尼古丁口香糖及尼古丁贴片可以在药店购买。尼古丁口香糖通过咀嚼能短时补充尼古丁，而尼古丁贴片通过皮肤渗透实现尼古丁的均匀吸收，能很好地缓解戒烟症状。

　　用药物辅助比单独戒烟的成功率高3~4倍。

　　（2）去戒烟门诊就诊

　　戒烟门诊开具的处方药不仅能缓解戒烟症状，还能有效抑制吸烟者的吸烟冲动。有报告指出，服用戒烟口服药戒必适的戒烟成功率比使用尼古丁贴片高1.5倍。戒烟门诊的治疗效果表现为：约8成吸烟者在治疗完成后的戒烟时间能达4周以上，约5成吸烟者在治疗完成后的戒烟时间能持续9个月。

**戒烟成功的情况**

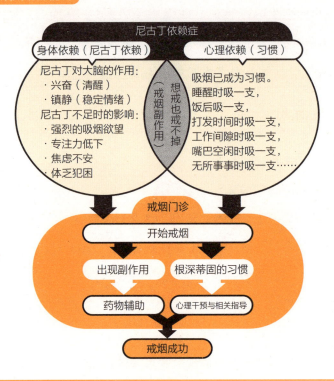

 吸烟属于依赖症，应借助药物及专家之力戒烟。

## "饮酒养生"实为谬论

　　不少人都听过"少量饮酒益于健康"之类的话。以前有言论称饮酒对健康的影响呈J型曲线变化，即少量饮酒的人比完全不饮酒的人死亡率低，于是得出"少量饮酒益于健康"的结论。然而，在2018年国际权威杂志《柳叶刀》中刊登的大量研究指出"饮酒越多对健康越有害"。该研究承认饮酒对心肌梗死的影响呈J型曲线变化，不过即使少量饮酒也会升高乳腺癌及结核病等疾病的患病风险。总体来看，饮酒对健康的影响并非呈J型曲线变化，而是呈上升趋势。可以说，"少量饮酒益于健康"的结论现在已基本被否定，只有不饮酒才是最健康的。

　　当酒精摄入量每周增加100克时，会使脑卒中发病率增至原来的1.14倍、心力衰竭发病率增至原来的1.09倍、高血压发病率增至原来的1.24倍。饮酒越多，患病风险越高。而且，大量饮酒还会导致酒精性脂肪肝，进而发展为肝硬化，而肝硬化则会诱发食管静脉曲张等危及生命的重疾。

　　此外，饮酒还会提高精神疾病的患病风险。很多饮酒者的抑郁症患病风险增至原来的3.7倍、阿尔茨海默病患病风险增至原来的4.6倍、自杀风险增至原来的3倍。而且，长期饮酒还会显著提高酒精依赖症的患病风险。大多数人认为自己饮酒量不大，不可能患上酒精依赖症，然而实际生活中却有1.9%

的男性患有此病，即每50人中就有1人患病。我们周围有数以倍计的酒精依赖症潜在病患，切不可等闲视之。

尽管如此，让爱酒之人彻底戒酒也并非易事，而且饮酒还具有增进人与人之间交往的良性作用。那么，如何在不危害健康的前提下适度饮酒呢？

下图为日本厚生劳动省发布的"21世纪国民健康增进运动"（简称"健康日本21"）中介绍的"无损健康的每日饮酒量"，提出每日酒精摄入量应低于20克。其他研究也指出，每

**无损健康的每日饮酒量**

啤酒
1罐（500毫升）

日本酒
1合（180毫升）

威士忌
两小杯（60毫升）

烧酒（25度）
1/2 杯（100毫升）

红酒
不足2杯（200毫升）

兑苏打水烧酒（酒精度7%）
1罐（350毫升）

酒精摄入量应低于20g。

[资料来源：健康日本21（日本厚生劳动省）]

 你的饮酒量是多少？喝啤酒时最多喝 1 罐。

周饮酒量超过100克时会导致寿命缩短1年半左右，即将每周饮酒量控制在100克以下则基本无大碍。反之，每日40克以上、每周200克以上的酒精摄入量会提高中老年疾病的患病风险，嗜酒人士尤其需要注意。

每天饮酒量在20克以下为适量饮酒，超过40克为不健康饮酒，而超过60克则为过量饮酒。

## 错误的饮酒方式

除饮酒量之外，饮酒的方式、目的、场合等因素也非常重要。一旦搞错这些因素，不仅会增大饮酒量还会影响身体健康，甚至患上抑郁症、酒精依赖症等。

下面介绍五种错误的饮酒方式。

（1）过量饮酒

前文已介绍了适量饮酒的标准，各位可以按一周的量灵活调整。一周的适量饮酒量为100克，如果采取隔天饮酒的方式，一次可以喝两罐500毫升的啤酒。外出饮酒时应拒绝"不限量供应酒水"服务，否则会无节制地滥饮。有人觉得多饮占便宜，其实这反而增加了患病风险，得不偿失。另外，最近常见的能量型利久酒也需引起注意，每500毫升（8%）饮料中含

32克酒精，相当于3.5杯纯威士忌所含的酒精量。

（2）每日饮酒

作为精神科医生，我很想提醒大家一句：即便饮酒量适中，如果每天饮酒也会对健康造成不利影响。喝酒时，肝脏需要不停分解酒精而无暇休息，从而导致肝功能恶化，而且每日饮酒会显著提高酒精依赖症的患病风险。

饮酒者需在一周内做到两天以上滴酒不沾，让肝脏得到充分休息。6成饮酒男性没有"护肝日"（每周5天以上饮酒），在每周饮酒量相同的前提下，不设定护肝日的人整体死亡风险是中度饮酒人群的1.5倍，是重度饮酒人群的1.8倍。如果能做到隔天饮酒，其肝、脑损伤风险就能大幅降低。

（3）睡前饮酒

因为饮酒会影响睡眠质量，所以必须停止饮酒助眠的行为。在参加宴会后，需使饮酒时间与睡眠时间间隔2小时以上，从而显著降低酒精对睡眠的不良影响。

（4）借酒消愁

归根结底，借酒消愁的想法并无科学性。饮酒会刺激压力激素——皮质醇分泌增加。另外，长期饮酒还会降低人对压力的耐受性，加重抑郁倾向。如果有抑郁征兆的人每日饮酒，其结果就是更快地掉入抑郁症的深渊。

（5）引发纠纷

如果出现记忆空白、人格扭曲，做出职权骚扰、性骚扰以及自残或伤害他人等异常行为时，说明过度饮酒已经发展到了非常危险的境地。此时，当事人很可能已经成为酒精依赖症潜在病患或真正的酒精依赖症患者。

### 饮酒方式的划分

| 正确的饮酒方式 | 错误的饮酒方式 |
| --- | --- |
| 愉快饮用 | 借酒消愁 |
| 祝酒、奖励自己 | 逃避现实 |
| 进行愉快而积极的交谈 | 边发牢骚边喝 |
| 畅谈理想 | 满腹抱怨 |
| 与亲近的友人畅饮 | 独自喝闷酒 |
| 用酒增进交流 | 因喝酒影响与人交往<br>（争吵、暴力、失忆） |
| 设定每周两天以上的护肝日 | 每日喝酒 |
| 适量喝酒 | 过量喝酒直到次日宿醉 |
| 略感醉意即睡觉<br>（减少酒精对睡眠的不良影响） | 睡前喝酒 |
| 边喝水边喝酒<br>（促进酒精分解） | 只喝酒 |

喝酒时应与推心置腹之人愉快畅谈。

## 压力的利弊之论

有些人在体检时被诊断为糖尿病或高血压的潜在病患，此时医生会建议他们减压。不过，很多人并不知道如何做才能减压。

我们在日常生活中经常听到"压力"一词，然而了解其特点、具体含义及正确应对方法的人少之又少。下面介绍一下压力相关的知识及正确的减压方法。

（1）主观认知存在误区

人处在高压环境中会使死亡风险升高43%。不过，这种情况仅出现在主观认定压力有害健康的人群中，对于不抱此种想法的人而言，死亡风险并未升高，甚至比无压力者的死亡风险还低。美国知名作家、心理学家凯利·麦格尼格尔（Kelly McGonigal）在其著作《自控力：斯坦福大学最受欢迎的心理学课程》（*The Willpower: How Self-control Works, Why it Matters, and What You Can do to Get More of It*）中提到：对于压力的过度担心、恐惧反而会加重其对健康的影响。压力帮助人们成长，人们只需改变对压力的认知便能获得健康与幸福。

（2）适度压力提振状态

美国的耶基斯–多德森博士在100多年前就已经通过研究证实适度压力是必要的。过度及不足的压力都会降低大脑活力。耶基斯–多德森定律认为："承受适度压力能最大限度地提振状态。"可见，压力并非洪水猛兽而是生活的必要元素。

（3）避免持续紧张

尽管上述如此，有些人依然认为压力不利于健康。当然，如果人一天中都处于压力环境下的确如此。当你因为职场的人际关系而倍感压力时，从离开公司的那一刻起就应该忘记那些纷纷扰扰，而专注于快乐、有趣之事，通过充分放松缓解当日压力。

（4）压力很难自查

很多人处在高压环境中却难以自觉，这是由于压力导致人的认知机能下降而无法自查，这一点必须注意。

**了解压力的特征**

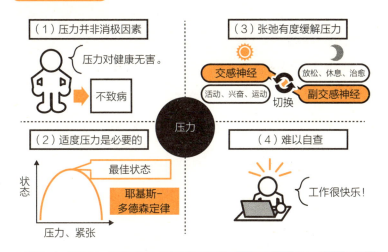

 与压力为伴，在紧张与放松之间从容切换。

# 损伤大脑的减压法

一旦减压方法错误，不仅无法缓解压力，还会损伤大脑，甚至起到加重压力的负作用。下面介绍五种错误的减压方法。

（1）喝酒

提到减压方法，最常被提及的就是喝酒。我也非常喜欢喝酒，不过我喝酒的目的是愉悦身心，而不是减压，其原因在于喝酒不仅无法缓解压力还会加重压力。偶尔小酌几杯并无不可，可是，有些精神压力很大的人习惯每天借酒消愁或者连续几天外出喝酒。毫无疑问，喝酒会严重影响睡眠质量、破坏睡眠连续性、缩短睡眠时间。最益于减压的行为就是睡眠，而喝酒则会影响睡眠，所以极不利于减压。

也许在喝酒时你会暂时忘记烦恼，但事实却是问题被拖延而并未得到任何解决。长此以往，事态会日益恶化，而压力也会像滚雪球一样越变越大。可见，喝酒在缓解压力方面只能起到负作用。

（2）彻夜玩耍

很多人在倍感压力时，喜欢彻夜唱歌或跳舞。虽然唱歌、跳舞可以缓解压力，不过彻夜玩耍则另当别论。因为好不容易缓解的压力会因为熬夜、睡眠不足而重新积压，整体看来是得不偿失的。

（3）口出恶言

很多针对公司、管理者的牢骚和抱怨对于缓解压力只能起到负面作用。肾上腺素的分泌促使交感神经处于活跃状态，从而进一步加深消极性体验及记忆，让本应忘记的事印刻在记忆里。虽说朋友间的交谈可以减压，不过彼此应以有建设性、积极性、前瞻性的话题为主。

（4）购物

很多人将购物作为减压方法。虽然偶尔为之无伤大雅，不过，如使之成为习惯则会导致依赖症。购物能给人带来瞬间快感的原因在于刺激了幸福物质——多巴胺分泌。然而，人们会立即渴望再一次的同样快感，从而陷入依赖症。喝酒也是如此，购物、玩电子游戏等均易让人患上依赖症，所以不应作为减压手段。

（5）刺激性娱乐活动

当我们因工作而感到疲倦与压力时，会不由自主地想玩电子游戏。如果玩几小时尚无大碍，但很多人不满于此，即便第二天有工作也会一直玩到次日凌晨。电子游戏等刺激性视觉娱乐活动会让大脑兴奋，刺激肾上腺素分泌，从而活跃交感神经，而减压需要的是放松，即让副交感神经处于活跃状态。刺激性娱乐活动只能短暂地蒙蔽大脑，在缓解压力方面有百害而无一利。

**减压法之优劣**

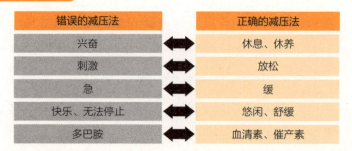

| 错误的减压法 | | 正确的减压法 |
|---|---|---|
| 兴奋 | ⬌ | 休息、休养 |
| 刺激 | ⬌ | 放松 |
| 急 | ⬌ | 缓 |
| 快乐、无法停止 | ⬌ | 悠闲、舒缓 |
| 多巴胺 | ⬌ | 血清素、催产素 |

 恶言会强化消极思维。

# 科学减压法

## 应对压力

当你感到有压力时，可以设法消除压力源头或者尽量减轻压力。就职场而言，当自己与管理者脾气不合时就会产生压力，而大多人认为管理者无法轻易改变，所以压力也无法消除。其实，只需适时改变自身的思维方式及行事风格，就能缓解人际关系中的绝大部分压力。

我曾在拙作《精神科医生教你减压》中对生活中各种类型压力的缓解方法进行了详细论述，请大家参考。

## 如何应对各种压力

| | |
|---|---|
| 无法解决的烦恼 | · 通过图书、网络寻求解决办法<br>· 向朋友、专家寻求帮助<br>· 排解负面情绪（问题虽未解决，情绪大有好转） |
| 与他人攀比 | · 比较对象不是他人，而是之前的自己<br>· 不要比较，而要观察对方，以对方为榜样<br>· 不要嫉妒而应尊重 |
| 遇到不喜欢的同事 | · 用客观评价代替自身好恶<br>· 不要口出恶言，应发现对方身上的闪光点<br>· 从零构筑信任关系 |
| 面对他人的恶意 | · 不当一回事（回避、不接招）<br>· 用话语搪塞<br>· 巧妙夸赞、恭维<br>· 化敌为友 |
| 职场人际关系不佳 | · 没必要加深职场人际关系（可用家人、伴侣等亲密关系治愈）<br>· 专注于与关键人物的关系<br>· 在职场内找到一个遇事可商量之人<br>· 提高业绩（职场中的业绩重于人际关系） |
| 工作毫无乐趣 | · 快速提升工作能力<br>· 花些心思让工作变快乐<br>· 不要被动接受工作，而应主动策划、承担工作<br>· 掌握基本技能后不断提高水平 |
| 强烈不安 | · 通过睡眠、运动、早上散步调整身心状态<br>· 要先行动起来<br>· 通过倾诉、书写排解不安情绪 |

（资料来源：参考《精神科医生教你减压》）

## 如何缓解不可变压力

长期处于压力环境中会导致压力激素——皮质醇水平上升。目前，有6种科学方法能降低压力激素水平，即睡眠、运动、交流、笑、洗澡及冥想和正念。无论白天在外面承受何种程度的压力，只要回家尝试这6种方法即可减压。

当然，消除压力因素是减压的最佳方法，如果短期无法做到，尝试上述方法也能达到排解负面情绪的目的。放松度过睡前2小时能加深睡眠，也能缓解绝大部分压力。关于具体方法曾在第一章中进行了详细介绍，请大家根据自身情况选择合适的放松方式。

为了不让压力过夜，应做到当日压力当日消，这就是最理想的减压方法。

**降低压力激素的方法**

| 睡眠 | 运动 | 交流（交谈） |
| 笑 | 洗澡 | 冥想、正念 |

 当日压力当日消。

## 将抑郁症消灭在萌芽期

　　日本现在有100万以上的人正在接受抑郁症治疗。抑郁症（包括情绪障碍）的终生患病率为6.7%，即每15人中就有1人患有抑郁症；12个月患病率①为2.2%，即1年中每50人里就有1人患病，如果公司中有50人就很可能有1人因抑郁症在家休养。

　　抑郁症是最常见的精神疾病，也是所有人都需要格外警惕的疾病。抑郁症被称为"心灵感冒"，但该称谓仅适用于早期发现与治疗的阶段，一旦拖延病情就会恶化，很多人需要经过多年治疗才能重新回归社会与职场。所以，抑郁症更像是"心灵骨折"，其复发率高达50%，一旦患病就极难痊愈。

　　身心健康者不会在某天突然患上抑郁症，一般是在历经几个月的前期抑郁或轻度抑郁之后才会最终演变为抑郁症。对于处于前期抑郁的人而言，只要能改善生活习惯、适时缓解压力、充分休养，就能用1~2周时间治愈。然而，一旦病情发展为抑郁症就会非常棘手，一般少则数月多则数年才可治愈，且复发率很高。

　　抑郁症潜在病患好似即将涨破的气球，而抑郁症则好似已经涨破的气球。给涨满气的气球放气并不困难，而要修复破损的

---

①　在12个月里患病的人数在整个目标人群中的比例。——编者注

气球实非易事。所以，妥善对待前期抑郁便能有效防止其发展成抑郁症，对于潜在病患的治疗刻不容缓，这一点尤须谨记。

预防抑郁症的方法具体而言就是睡眠、运动、早上散步。我认为这三点是预防抑郁症的终极方法，同时也是预防各类精神疾病的不二之选。希望大家能够防患于未然，将这三点作为日常保健的习惯，而且，这三点对于抑郁症潜在病患的康复也至关重要。喝酒和吸烟会严重影响人的精神状态，而休养及减压则对恢复精神极为有益。休养就是放空大脑，如果回家后依然纠结于在公司遭遇的种种不顺或是复杂的人际关系就无法真正放松下来。

总而言之，请大家平时养成良好睡眠、定期运动、早上散步的习惯，并做到戒烟、节制喝酒、合理休养及及时减压。

**预防抑郁症及改善前期抑郁的方法**

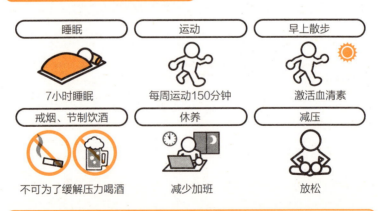

| 睡眠 | 运动 | 早上散步 |
| --- | --- | --- |
| 7小时睡眠 | 每周运动150分钟 | 激活血清素 |

| 戒烟、节制饮酒 | 休养 | 减压 |
| --- | --- | --- |
| 不可为了缓解压力喝酒 | 减少加班 | 放松 |

早上散步、晚上按时睡觉，能有效抑制抑郁症潜在病患的病情恶化。

## 失误预示脑疲劳

现在我们需要做的就是预防抑郁症的发生，在此之前应尽早发现前期抑郁和轻度抑郁的潜在病患。下面介绍三种据我自身经验总结出的判断前期抑郁和轻度抑郁的方法。

（1）频繁失误

这种现象极为常见，例如忘记参加会议、忘记提交文件、将随身物品遗忘在电车行李架上等。与其说频繁失误是抑郁症的前兆，不如说是大脑疲劳的征兆，只要能及时补充睡眠、充分休息使大脑疲劳得以恢复，便能有效阻止其向抑郁症发展。

（2）难以早起

早上难以起床、上午身心状态不佳，这都是血清素水平低下的征兆。如果这种状态持续数月便极有可能发展成为抑郁症。另外，困倦难眠、难以入睡、夜醒次数多等睡眠障碍也都可能是抑郁症的前兆。为了及时改善睡眠、激活血清素，早上散步必不可少。

（3）周身不适

身体乏力、全身倦怠、无法由睡眠消除疲劳、慢性疲劳积压等均为前期抑郁或轻度抑郁的征兆，当上述感觉集中在身体局部时便表现为头痛、头沉、肩颈酸痛等。六成抑郁症患者最初会选择普通内科而非精神科就诊，经过一系列检查未发现异常时才怀疑自己患上精神疾病。很多人认为抑郁症多表现为精神症状，实则是精神症状与身体症状各占一半，而且早期症状多表现为身体症状。

我想出现上述三种症状的人不在少数，当一个人长期出现大脑疲劳及身体疲劳时，不仅有可能发展成抑郁症，还可能演变为其他精神疾病及中老年疾病。所以，有上述症状的人应该合理管控睡眠、运动、早上散步、节制喝酒、戒烟、休养、减压这六种生活习惯。如果仍未改观，并伴有情绪低落、做事毫无乐趣、欲望低下等抑郁症症状，应及时去精神科接受诊治。

**前期抑郁及轻度抑郁的三种征兆**

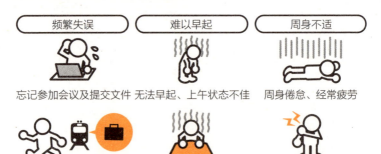

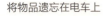

 工作中频繁失误即为大脑疲劳的信号。

# 如何增强抗压性

　　很多人都希望提高自己的抗压性及耐压性。对此，以前的主导思想是提升自身耐压性以避免患上精神疾病。然而，最近的观点则主张不要忍耐压力，而应巧妙地躲避压力。英文中的"resilience"一词，其原意为"弹性"，在精神心理学领域常被译为"心理恢复能力"或"心理康复能力"，而我更偏爱"心理韧性"这一译法。

　　"心理崩溃"是指心理承受能力超过极限的状态，只要加强心理韧性而巧妙地避开压力，就能避免出现心理崩溃。

## 加强心理韧性的益处

　　（1）不易患精神疾病

　　精神疾病的最主要成因就是压力。如果不能很好地应对压力，导致身心俱疲，就会增加罹患精神疾病的风险。心理韧性较强的人多能很好地躲避压力，所以加强心理韧性是预防精神疾病的最有效方法。

　　（2）更易治愈精神疾病

　　有些罹患精神疾病的久治不愈者多属于心理韧性较差的情况，他们常以悲观的角度看待事物，对自己的治疗情况既喜亦忧，常认为自己无法治愈而不主动咨询医生，并最终陷入固定的思维模式。为了治愈精神疾病并防止其复发，加强心理韧性必不可少。

（3）保健、长寿

压力不仅会导致患上精神疾病，职场压力、人际关系压力等也是诱发身体疾病的原因。如能巧妙躲避这些压力，便能有效降低身体疾病的患病风险。美国波士顿大学曾就人的乐观度与健康状态之间的关系进行研究，其结果显示：乐观度最高的实验组的寿命比平均水平延长11%~15%，至85岁的生存率明显升高。由此可见，加强心理韧性能保持健康、延年益寿。

（4）摆脱烦恼，乐享人生

巧妙躲避职场压力可以间接摆脱人际关系带来的烦恼，让每天的工作变得更加愉快，这对于提升工作专注度及业绩都十分有利。

何为"心理韧性"？

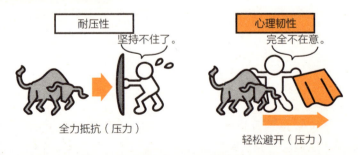

| 耐压性 | 心理韧性 |
| --- | --- |
| 坚持不住了。 | 完全不在意。 |
| 全力抵抗（压力） | 轻松避开（压力） |

 无能为力时要学会躲开。

可见，加强心理韧性能让我们从烦恼、压力中解脱，让人生变得更有乐趣，在有效预防精神及身体疾病的同时实现延年益寿。所以，终极的保健法、幸福法就是加强心理韧性。

## 你的抗压性如何

虽然各位已经了解到加强心理韧性的重要性，却还未形成具体认知。我将心理韧性较弱者与较强者的特点汇总如下表，请大家参考。

### 心理韧性的强弱之别

| 心理韧性较弱者 | 心理韧性较强者 |
| --- | --- |
| 消极性或假装积极 | 中立性 |
| 二元思维① | 渐进式思维 |
| 完美主义 | 中庸主义 |
| 口头禅是"做不到" | 口头禅是"总有办法" |
| 口头禅是"不可以" | 口头禅是"也可以" |
| 悲观的 | 乐观的 |
| 不擅长控制情绪 | 理性区分事实与情感 |

---

① 可以同时看到事物的两面，在有这种思维模式的人来看，事物非黑即白。——编者注

续表

| 心理韧性较弱者 | 心理韧性较强者 |
|---|---|
| 认为"没有先例就做不到" | 认为"总有方法能做到" |
| 执着于最初的目标 | 适时变换目标（柔韧性） |
| 不懂变通、固执 | 弹性思维、灵活转换（柔韧性） |
| 认真 | 随意 |
| 在意自尊与体面 | 注重结果（结果好就行） |
| 不接受现实 | 接受现实（接纳力） |
| 注重细节 | 统观全局（大局观） |
| 时喜时忧 | 长远考量（大局观） |
| 多疑、不信任他人 | 首先相信他人（交往） |
| 喜欢独自解决问题（孤独） | 咨询他人（交往） |
| 想要改变无可挽回之事 | 能理性对待"可挽回"与"不可挽回"之事 |
| 对过去、未来感到不安 | 注重当下 |
| 觉得事事难办 | 认为事事可成（自我成就感） |
| 对于压力过于较真 | 用微笑面对压力（幽默） |

　　根据此表可以判断自己心理韧性的强度如何，还可以知晓自己是否有待改善的部分。那么，如何提高自身的心理韧性呢？心理韧性具体表现为以下九个方面。

　　（1）自我尊重（不过低评价自己、不自我否定）。

　　（2）自我成就感（认可自身能力）。

（3）控制情绪（不会情绪化）。

（4）乐观（不会立即陷入悲观情绪）。

（5）弹性思维（懂得变通）。

（6）大局观（统看全局）。

（7）交往（不会独自烦恼，会求助他人）。

（8）洞察力（客观洞察自身及周围事物）。

（9）幽默（用微笑面对压力）。

所以，提高这九个方面能力即能加强心理韧性，如果详细阐述的话恐怕需要单独成书。简言之，如能切实践行本书内容，就能有效提升心理韧性，而交谈、书写、行动这三种输出行为是加强心理韧性的必要条件。

将"总会有办法"当成自己的口头禅。

## 健康度百年

在当今这个"百岁人生"的时代，我们首先应预防的疾病之一就是阿尔茨海默病。如前所述，每5名80岁以上老人中就有1人罹患此病，每5名90岁以上老人中就有3人罹患此病。可以说，人的寿命越长就越难以避免患上阿尔茨海默病。

前文中讲过，预防阿尔茨海默病的最重要方法就是运动与睡眠。这里再介绍其他几种预防方法。

（1）走出孤独，与人交往

有研究指出，与孤独者相比，社会交往较多的人罹患阿尔茨海默病的风险下降46%。无论是参加町内会（日本町内成立的地域居民自治组织）、与邻居闲聊，还是跟朋友喝茶、加入兴趣班等，每周应安排2～3次以上与人见面交流的机会。另外，与孩子见面也是不错的选择，既愉快又能消耗一定体力。希望儿女们能时常带着孩子去看望老人，这将有助于他们预防患上阿尔茨海默病。

（2）活到老，学到老

在各国的阿尔茨海默病研究中，获得强烈认同的预防要素就是"认知贮备能力"。很多研究结果都显示，受教育的年限越短，罹患阿尔茨海默病及其他认识障碍疾病的风险越大。学习经历丰富者，即"认知贮备能力"较强的人，即使其部分神经细胞已死亡，还可以利用脑神经元之间的替代回路。总之，学习越多越不容易患上阿尔茨海默病。可见，老年人在退休后坚持学习十分重要，既可以学习电脑及智能手机的使用方法，也可以去文化中心学习各类课程。另外，学习汉字审定及外语都是不错的选择。

（3）培养兴趣

兴趣带动学习，能有效预防阿尔茨海默病。而且，兴趣还能帮助我们结识朋友，增加与人交往的机会，有助于走出孤独。对预防阿尔茨海默病较有效果的兴趣包括跳舞、演奏乐器、下棋及阅读等。这些项目的共同点是掌握有难度、学习无止境。

（4）预防糖尿病、高血压

阿尔茨海默病又称3型糖尿病，所以患有糖尿病的人群更易罹患此病。另外，高血压还会增加脑血管疾病与阿尔茨海默病这两类疾病的患病风险。对于阿尔茨海默病的预防而言，糖尿病、高血压的有效预防与及时治疗显得格外重要。

**预防阿尔茨海默病**

| 运动 | 睡眠 | 交往 |
|---|---|---|
| 每天20分钟快步走、早上散步 | 7小时睡眠 | 走出孤独 |

认知贮备能力 学习　　兴趣　　预防糖尿病、高血压 糖尿病 高血压

学习乐器、跳舞，或重拾之前的爱好。

## 科学健康的饮食法

益于健康的饮食是什么？这是一个非常复杂的问题。关于健康饮食的图书浩如烟海，而内容却又千差万别。每个人的年龄、性别、体型、肥胖程度、血糖及血压等健康状况不同，在饮食方面的注意事项也各不相同，所以很难用统一的健康饮食来概括所有人的情况。不过，鉴于很多人都对该话题感兴趣，在此综合多方面的科学依据及相关论据，提炼总结出益于健康的就餐方法及益于健康的食物各六项内容，请大家参考。

（1）吃好三餐

有的人为了减肥每天只吃两餐，还有的人为了激活长寿基因每天只吃一餐。其实，"极端限制热量会激活长寿基因表达从而实现长寿的目的"的理论只存在于动物实验中，具体到人的情况又如何呢？

以百岁以上的日本长寿者（百岁老人）为调查对象的研究发现，九成人每天都会按时吃三餐，而一日两餐者中的男性仅有7.5%、女性仅有5.4%。可见，吃好三餐的人普遍会长寿。另外，很多糖尿病及精神疾病教科书中也有为预防疾病应规律性吃三餐的内容。无论是一日两餐还是一日一餐都很难充分摄取人体所需的必要营养元素。

（2）营养均衡

虽然大家都热衷于减肥，但是过于消瘦对健康的影响甚于肥胖。比起轻度肥胖，消瘦者的患病风险及死亡率更高。为了保持健康，我们每天需要摄取包括碳水化合物、脂质、蛋白质、维生素、矿物质等在内的30多种营养元素。据日本国民营养状况调查显示，在20多岁的日本人中，他们体内的所需的维生素及矿物质等18种必要营养元素中的16种都处于摄入不足状态，而其中的5种营养元素则属于极度不足。虽然当今的食物供给十分充足，但大多数人的蛋白质、矿物质及维生素水平过低，处于不健康状态。

所谓"健康饮食法"并非一味限制热量摄取或减少进餐次数，而是要充分摄取必要营养元素。

（3）细嚼慢咽

用餐时细嚼慢咽不仅具有减肥效果，其咀嚼力对于预防机体老化及阿尔茨海默病等均具有一定效果。

（4）合理烹饪

烹饪方法也有优劣之别。据称，高温烹制的油炸食品给健康造成的影响不亚于吸烟，如炸土豆片（条）、炸鸡块、炸猪排、薯片等容易上瘾的美味食物均属于油炸食品。油炸食品不仅热量较高，其食物中的维生素、氨基酸、脂肪酸等必要营养元素也会在高温条件下被破坏。油炸食品中含有大量的晚期糖基化终末产物（AGEs）。AGEs会增加氧化压、加速炎症、加重身体老化。而且，如果使用反式脂肪酸或变质油作为油炸食品时用的油，会进一步加重其对健康的影响。

话虽如此，很多人还是对炸土豆片（条）或炸鸡块难以割舍，希望各位尽量减少食用次数，将其限制在酒会、聚会等场合。

说起不破坏营养元素的最佳烹饪方法，非生食莫属，其次是蒸，它是一种将营养元素充分保留在食材内部的烹饪方法；还有煮、焯。进餐时如能连汤汁一起喝掉，就能将汁水里的营养元素全部吸收。

（5）合理控糖

控糖对健康的利弊之论由来已久，目前我认为权威杂志《柳叶刀》在2018年发表的相关研究成果具有较高的可信度。该研究以45~64岁的15000名美国人为研究对象，进行了历时25年的追踪调查，其结果显示：当碳水化合物比例占人体摄取总热量的50%~55%时死亡率最低，而高于或低于该比例时都会提高死亡率。其中，最让人震惊的结果是严格限糖者的死亡率比过度摄入糖者的死亡率更高。

一般而言，经常在外用餐或容易肥胖的人更容易过度摄入碳水化合物，他们应该有意识地控制碳水化合物摄入。另外，对于糖尿病及糖尿病潜在病患的治疗、病情控制以及肥胖患者而言，控糖也具有一定效果（改善及减轻病情）。

那么，人体摄取碳水化合物的上限是多少，摄取何种碳水化合物更为健康呢？对健康最为不利的碳水化合物就是罐装含糖咖啡、碳酸饮料、果汁。一罐含糖咖啡（250毫升）的含糖量为3~4块方糖，一瓶牛奶咖啡饮料的含糖量超过10块方糖，500毫升可乐的含糖量为14块方糖。而且，这类饮料为液体，更易被身体吸收，会导致血糖骤然上升。另外，还有一种饮料也需引起人们注意，就是常被作为健康饮料的果蔬汁，其含糖量为3~4块方糖。

砂糖被称为"碳水化合物炸弹"，偶尔吃些含糖糕点虽无大碍，但还应尽量控制食用。

（6）食补为上

有些人习惯通过服用营养补充剂来补充营养，其实这种做法十分不妥。因为目前尚未有任何科学数据能证实营养补充剂的保健效果。

美国约翰斯·霍普金斯大学的分析结果显示，维生素及矿物质类营养补充剂对于心血管疾病、癌症、阿尔茨海默病、语言记忆及心肌梗死均未有预防效果。而且，营养补充剂多为工厂生产的化学物质，与食物相比，等量营养元素的活性显著降低。有研究指出，苹果的抗氧化能力是维生素C营养补充剂的263倍。与其服用维生素C营养补充剂，不如吃四分之一个苹果更益于健康。不过，还有观点认为人体很难全部吸收所有的必要营养元素，为了避免出现营养不足或营养缺乏，适当服用一些营养补充剂亦无不可。归根结底，我们应从食物中摄取营养元素，而营养补充剂不过是一种辅助手段而已。

**益于健康的饮食法**

 最利于保留营养成分的烹饪法依次为生食、蒸、煮、烧，应尽量避免食用油炸食品。

## 科学健康的饮食

（1）鱼优于红肉

长期过多摄入红肉①（牛肉、猪肉、羊肉等）对健康并

————————

① 指在烹调前出现赤色的肉。——编者注

无益处，尤其是火腿、香肠等加工肉制品中含有大量食物添加剂，过度食用会提高人的死亡率。公认的科学健康饮食为"地中海饮食①"，其特点是鱼肉多于红肉。还有一种健康饮食就是传统日本料理，同样也是以鱼类为主。

当我在餐馆点餐时看到有烧肉套餐与烧鱼套餐时，一定会选择后者。尽管年轻人习惯以肉食为主，还是应尽量增加鱼肉的摄入比例。青花鱼、三文鱼、竹荚鱼、沙丁鱼等青背鱼类能降低胆固醇，减少中性脂肪，同时富含对预防阿尔茨海默病有效的不饱和脂肪酸（DHA、EPA）。

（2）糙米优于白米

在摄入量（即热量）相同的情况下，糙米比白米更益于健康，全麦面包比白面包更益于健康。由于精制白米去除了食物纤维等营养成分，吃后很容易导致血糖急速上升，而糙米富含维生素、矿物质、食物纤维，使人体能摄取到身体所需的几乎全部必要的营养元素（除维生素C），堪称最佳营养食品。顺便提一句，我在烹饪时经常使用营养成分更高的发芽糙米，并在其中加入超级食材——藜麦（富含食物纤维及铁）。

（3）使用优质油、拒绝劣质油

人们过去普遍认为脂肪及各类油品会影响健康，不过，

---

① 一种健康的饮食方式，强调天然食物，减少红肉、糖类的摄入，适当地吃鱼类、奶酪，同时配以大量的蔬菜水果、橄榄油和坚果。——编者注

最新观点认为油也有优劣之分，摄入劣质油会增加患病风险，而摄入优质油则益于健康。所谓优质油包括橄榄油、亚麻籽油、椰油；劣质油包括黄油、人造奶油、起酥油等。动物脂肪对健康有害，而鱼油则益于健康，尤其是不饱和脂肪酸（DHA、EPA）能降低胆固醇，减少中性脂肪，具有预防心脏病及阿尔茨海默病的功效，我们应尽量多地摄入。

（4）多摄入水果蔬菜

我认为将蔬菜称为最益于健康的食材毫不为过。很多蔬菜中都含有维生素C、维生素E、叶酸等成分，尤其是黄绿色蔬菜中富含β-胡萝卜素、矿物质以及各种维生素，所以蔬菜的摄入是多多益善。我每天都会给自己做一大盘蔬菜沙拉，外出就餐时也必点一小份沙拉以增加蔬菜的摄入量。另外，市售蔬菜汁中添加了大量砂糖，不建议大量饮用。

水果中富含维生素C，且含量是营养补充剂的263倍。虽然有人认为水果中的蔗糖会使人发胖，但只要不过量食用就没有问题。维生素C具有提高免疫力、抗氧化、抗衰老的作用。只要每天吃一个苹果、橙子或香蕉等就能达到上述效果，而且水果大都非常美味，能为每一餐增色不少。

（5）减盐和多摄入矿物质

传统的日本料理非常健康，堪称长寿之国——日本的一大长寿秘诀。然而，日本料理的最大缺点就是盐分过高。据称，日本人的盐分摄入量约是美国人的2倍。过度摄入盐分会导致高血压，而高血压是仅次于吸烟的致死元凶。

首先，应用自然盐（海盐）替换食用盐。食用盐多为工厂制品，氯化钠（NaCl）含量为99.9%，而自然界中根本不存在此种物质。氯化钠含量过高很可能是导致高血压的最主要原因。相比之下，自然盐（海盐）中的镁、钙等矿物质含量均衡，尤其对于矿物质摄入不足的日本人而言，自然盐（海盐）能有效补充此类矿物质。

我推荐的减盐方法是烹饪时使用特制容器逐滴加入酱油。日本人食用烤鱼时往往倒入过多酱油，如用可控制量的特制容器会使其用量减少一大半。

提到富含矿物质的食材，主要包括裙带菜、海带、羊栖菜等海藻类。海藻富含矿物质及叶酸等，是提高免疫力的健康食材。我们平时可以准备一些裙带菜、海白菜、赤菜等，用其调配每日的味噌汤，既美味又营养。

（6）以坚果为零食

坚果十分益于健康，尤其是富含不饱和脂肪酸（DHA、EPA）的核桃。食用坚果能延年益寿、降低心血管疾病的患病风险，可谓益处多多。另外，坚果还能增加饱腹感，口感较好，是日常的首选零食。

不过，由于坚果热量较高，建议每天的食用量不超过30克，即手抓一小把的量。我一般会购入一大袋（1千克）混合坚果，然后用30天吃完，如此一来每天的食用量正好是30克。另外，我很喜欢在休息时吃一些带壳的核桃。由于核桃壳非常坚硬，剥壳需要用很大的力，这也成为一种不错的减压方法。还有一种值得推荐的零食，就是黑巧克力。可可具有很强的抗氧化作用，我们应选择可可含量高而砂糖含量尽可能低的黑巧克力，而对于富含砂糖的甜味巧克力应退避三舍。

当我们的大脑感到疲乏时，可能是处于低血糖状态，这时摄入少量甜食能改善不适感，并能提升专注力。不过，过量摄取甜食会刺激胰岛素大量分泌，反而引发低血糖。一般而言，食用甜食时应将分量控制在1～2小袋为宜。血糖不稳是导致糖尿病的主要原因。即便喜食甜食也不应每日食用，应将食用次数控制在每周数次。

除上述介绍的健康食品之外，具有润肠作用的发酵食品（纳豆、酸奶），无糖黑咖啡、茶等饮品也对健康十分有益。

总之，希望大家减少不健康的饮食，尽量增加食用健康饮食，让我们通过营养均衡的饮食来守护自身健康。

>  对吃什么犹豫不决时就选择日本料理。

## 通过饮食预防精神疾病

如前文所述，好的饮食法及食材不仅利于身体健康还利于精神健康。本节以抑郁症及阿尔茨海默病的预防为例，将介绍益于精神健康的饮食。简言之，就是一日三餐与营养均衡，这是健康饮食的基本要求，我们首先要严守这两点。另外，精神科的教科书中也对此多有介绍。很多抑郁症患者都会出现用餐量减半或一个月只吃白米饭的现象。

### 预防抑郁症

抑郁症导致血清素水平下降，所以必须摄入合成血清素所需的必要氨酸——色氨酸。富含色氨酸的食材包括大豆制品（豆腐、纳豆、味噌）、乳制品（奶酪、牛奶、酸奶）、大米等谷物，以及芝麻、花生、鸡蛋、香蕉等。

另外，维生素$B_6$与碳水化合物能促进色氨酸的高效吸收，其中利于摄入色氨酸的最佳食材是香蕉与糙米。铁与叶酸作为控制抑郁相关的营养元素也备受关注。富含铁的食材包括动物肝脏、肉、鱼、小松菜、羊栖菜等；富含叶酸的食材包括毛豆、鸡肝、海苔、裙带菜、豆类及水果。

### 预防阿尔茨海默病

（1）青背鱼类

青背鱼类在预防阿尔茨海默病方面的效果最值得我们期待。尤其是青花鱼、三文鱼、竹荚鱼、沙丁鱼等青背鱼以及金枪鱼、鲣鱼等富含不饱和脂肪酸（DHA、EPA）的海鱼类，不饱和脂肪酸能降低胆固醇，减少中性脂肪，能有效预防阿尔茨海默病。有研究显示，血液中DHA浓度较高的人在10年后的认知机能下降风险是DHA浓度较低的人的0.17倍。

（2）黄绿蔬菜

此类蔬菜中富含维生素C、维生素E、β-胡萝卜素，其抗氧化能力极强，在预防阿尔茨海默病方面的效果令人期待。

（3）咖啡、绿茶

有多项研究已证实咖啡、绿茶等饮品能降低阿尔茨海默病的患病风险。

**预防阿尔茨海默病的饮食**

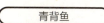

青花鱼、三文鱼、竹荚鱼沙丁鱼、金枪鱼、鲣鱼　　菠菜、小菘菜、新兰花青椒、番茄等

不饱和脂肪酸（DHA、EPA）　　维生素C、维生素E、β-胡萝卜素　　抗氧化物质

纳豆、大豆、味噌

 明日午餐不妨选择青花鱼套餐吧。

## 快食伤脑

最易上手的减肥法就是细嚼慢咽。该方法虽然简单，但是效果却很明显。

东京工业大学比较了细嚼慢咽与狼吞虎咽（快食）这两种进餐方式的能量消耗情况，其结果显示：后组实验对象每千克体重消耗7卡路里的能量，而前组实验对象每千克体重则会消耗180卡路里能量，两者之间的差异高达26倍。

快食会加速血糖上升，从而刺激胰岛素过量分泌，所以更易发胖，快食者的肥胖风险是非快食者的4倍。快食还会导致机体在大脑的"饱腹中枢"发出饱腹信号之前结束用餐，从而摄入过量食物。所以，减肥无须控制用餐量，仅需做到细嚼慢咽即可。

咀嚼除了利于减肥之外，还能激活血清素，增加大脑血流量，进而充分激活大脑。另外，咀嚼还能预防阿尔茨海默病。与勤于咀嚼的人相比，怠于咀嚼的人的阿尔茨海默病患病风险是其1.5倍。

做到每口饭都咀嚼30次的确不容易，在此教大家一些防止快食、增加咀嚼次数的小诀窍。

（1）适时放下筷子

如能在咀嚼时将筷子置于筷架上，则可使大脑专注于咀嚼。完成咀嚼之后，再拿起筷子将下一口食物送入口中。

（2）用筷子多于用勺子

使用勺子会更加便于进餐，同时也加快了进餐速度。因此，建议大家用餐时最好选择筷子。另外，使用小勺子也能延长用餐时间。

（3）套餐优于盖浇饭

盖浇饭将多种食材盛入一个容器里，间接缩短了用餐时间，而使用多餐具的套餐会促使用餐者交替食用米饭与菜品，从而延长了用餐时间。

（4）将食材切得大一些

在家烹饪菜肴时不妨将食材切得大一些，由此增加咀嚼次数。

（5）糙米优于白米

糙米比白米的耐咀嚼性更强，将白米换成糙米便可增加咀嚼次数。

（6）细品慢食

用餐时应仔细品尝每一口饭菜的滋味，将感受力专注于味蕾。在细嚼慢咽的过程中感受丰富多彩的味道，从而促进充分咀嚼。

如何防止快食

牛肉饭套餐优于牛肉盖浇饭，适时放下筷子细品慢食。

# 咖啡益于健康

通常认为，咖啡、绿茶等含有咖啡因及多种抗氧化物的饮品对健康十分有益。有报告指出，长期饮用咖啡能使各类癌症的患病风险降低50%以上，使心脏病患病风险降低44%、糖尿病患病风险降低50%，同时还能降低胆结石、白内障等疾病的患病风险，使总体死亡率降低16%。另外，还有报告指出咖啡、绿茶在稳定精神状态方面也具有较好效果，饮用咖啡能使抑郁症患病风险减少20%、自杀风险降低约50%，还能使阿尔茨海默病的患病风险降低65%，并使其发病时间及病情发展速度延迟2~5年。

日本的研究显示，每日饮用绿茶量在四杯以上的人与饮用量不足一杯的人相比，前者罹患抑郁症的风险是后者的一半。

## 合理饮用咖啡及茶类

（1）工作时提神

咖啡因具有提神作用，已有研究证实早上喝一杯咖啡能使大脑瞬间清醒。

（2）休息时放松

由于咖啡及茶类具有放松效果，适合在休息时饮用，还有助于提升休息后的工作效率。

（3）运动时燃脂

咖啡因能使肥胖者的燃脂率提高10%，使体瘦者的燃脂率提高29%。另外，咖啡因还有助于提升肌肉耐力，使人们感觉不到疲劳，长时间运动。

（4）驾驶时集中精力

咖啡可以提高专注力及注意力，加强短期记忆，加快反应速度。有研究指出，摄入咖啡因的司机在驾驶时发生交通事故的概率降低了63%。

（5）摄入咖啡因的最晚时间

咖啡因的半衰期为4~6小时，为了避免其对睡眠产生影响，一般建议下午2点后不再摄入咖啡因。

（6）不放砂糖

如果饮用咖啡时放入过量砂糖反而会对健康不利。

（7）自己冲泡

在市售的罐装咖啡及瓶装茶饮中，益于健康的多种成分已大量流失。建议各位最好选购咖啡豆或茶叶亲自研磨，并冲泡饮用。

（8）咖啡因敏感者慎喝

有些人对咖啡因天生敏感，如果大量饮用会增加心肌梗死的患病风险。

**合理饮用咖啡及茶类**

早上 — 提神作用
休息 — 利于放松、提升专注力
运动前 — 减肥效果
开车时 — 防止犯困、预防事故发生

下午2点后不喝咖啡
不放砂糖
自己冲泡 — 保留较多营养成分
不要勉强 — 咖啡因敏感者会增加心肌梗死患病风险

 咖啡虽好也不要过量饮用。

# 提高免疫力免受病毒侵害

自新冠肺炎疫情暴发以来，如何提高免疫力成了大众极为关注的话题。如果自身免疫力较强可以降低被病毒感染的概率，即便被感染也属轻症，发展成为重症的可能性会降低很多。那么，如何提高自身免疫力呢？

（1）睡眠

睡眠不足会导致免疫力低下。加利福尼亚大学旧金山分校以身心健康的男女为实验对象，让其感染感冒病毒后进行研究，其结果显示：睡眠时间在7小时以上的实验组与睡眠时间不足5小时的实验组相比，后者的感冒发病率是前者的2.6倍，睡眠不足实验组的感冒概率为45.2%，即每2人中就有1人患上了感冒。另外，其他研究也显示睡眠不足导致感冒发病率升至原来的5.2倍。综上可知，睡眠不足导致感冒发病率增加2.6~5.2倍。

**睡眠时间与病毒感染率的关系**

（资料来源：加利福尼亚大学旧金山分校的研究）

（2）运动

与没有运动习惯的人相比，经常进行适量运动的人免疫力更强，更不易患感冒等呼吸系统疾病。不过，大量研究发现，过量运动反而会降低免疫力，使人更易患上感冒，此种运动与传染病风险之间的变化规律被称为"J型变化"。

运动与传染病风险的关系（J型变化）

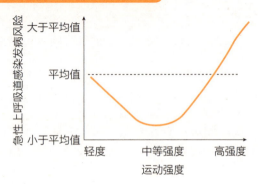

（资料来源：Nieman 1994）

（3）饮食

众所周知，提高免疫力的食品包括发酵食品（纳豆、酸奶、味噌），菌菇类，海藻类等。另外，富含维生素C、维生素E、β-胡萝卜素的黄绿蔬菜以及富含维生素C的水果都能提高人体免疫力。

（4）通过早上散步激活维生素D

维生素D为免疫调节物质，充分摄入维生素D的儿童患上感冒的概率会下降40%以上。有报告指出，体内维生素D浓度较低的人与浓度较高的人相比，患呼吸系统疾病的概率会升高36%。

（5）戒烟

重度烟瘾者感染新型冠状病毒会加速病情发展，甚至引起死亡。这是因为吸烟会显著降低人体免疫力以及呼吸系统的防卫能力。如果想提高自身免疫力，首先应该从戒烟开始。

（6）减压

长期承受压力会刺激压力激素——皮质醇分泌，而皮质醇具有较强的免疫抑制作用。所以，我们应尽早缓解压力。

 健康饮食、规律运动、良好睡眠，让我们远离疾病及病毒的侵袭。

## 预防中老年疾病

本书的主旨是通过改善日常生活习惯最大化地提升心脑健康水平，帮助人们预防精神疾病，同时充分提升大脑活力，让人们的每一天都呈现出最佳状态。当然，我们所有人的健康目标不只局限于"心与脑"，身体健康同样不可忽视，有效预防中老年疾病是实现健康长寿的必要途径。因此，下面介绍如何预防中老年疾病。

根据2018年的统计显示，导致日本人死亡的五大元凶分别是新型恶性肿瘤、心脏病、衰老、脑血管疾病及肺炎。综合来看，七种常见的中老年疾病的致死率竟高达60%左右，即每3个日本人中就有2人因罹患中老年疾病而死亡。那么，日本人的中老年疾病患病率为多少呢？以癌症为例，每3个日本人中有2人曾患癌症、有1人因癌症死亡。另外，日本糖尿病患者人数高达1000万左右，如果算上另外1000万的潜在病患，糖尿病病患共计2000万人。据推测，日本的高血压患者人数约有4300万人，即每3个日本人中就有1人患有高血压。患有高血压、糖尿病、肥胖会加剧动脉硬化，同时显著提高心肌梗死、脑卒中等疾病的患病风险。所以，有效预防中老年疾病是实现健康长寿的首要前提。

如何做能有效预防中老年疾病呢？也许有人认为癌症、心脏病、脑血管疾病、高血压、糖尿病等疾病的发病机理各不相同，很难做到全面有效的预防。其实，具体预防方法并不复杂。所谓中老年疾病多是由不良生活习惯所导致的，只要能合理管控生活习惯就能有效预防中老年疾病。具体来说，就是合理管控睡眠、运动、饮食，以及戒烟、节制饮酒、减压这六种生活习惯。另外，消除肥胖也是预防中老年疾病的必要手段，而改善以上六种生活习惯即能有效消除肥胖。

可以说，所有益于心脑的生活习惯对身体健康都十分有益。大脑相当于人体的"指挥部"，能让指挥部高效运转的习惯当然也利于全身脏器运转，反之，不利于指挥部运转的行为自然也会对全身脏器产生影响。

改善以上六种生活习惯既是预防手段，也是治疗手段。如果你的体检结果显示"血压较高"或"血糖较高"，首先应设法改善这六种生活习惯。唯有如此，才能充分提升大脑及身体状态，从而实现延年益寿。这既是本书的主旨也是本书的结论。

## 6 种生活习惯

| 睡眠 | 运动 | 饮食 |
|---|---|---|
| 7小时睡眠 | 每天20分钟的快步走、早上散步 | 营养均衡 |

| 戒烟 | 节制饮酒 | 减压 |
|---|---|---|
| | 适度饮酒 | 学会放松 |

 益于心脑的习惯让你百病不侵。

第五章

休息

## 用 3 分钟了解本章的主要内容

作者：冒昧地问一句，你喜欢现在的工作吗？

读者：当然喜欢了。虽然经常工作到很晚，感觉很疲惫，不过，工作不就是越忙越好嘛！

作者：很多人因为过量工作而使身心健康受到严重损害，这可不是危言耸听。我身边有好几个工作狂突然患上了抑郁症。如果没能及时察觉自身压力而坚持工作会加重心理负担，请一定多加注意。

读者：有那样的事啊……不过，当今社会谁没有压力呢？

作者：当然，适度压力会给生活带来良性刺激，没必要将其彻底消除。不过，学会放松、休息也非常重要。

读者：我很会放松。前一阵，我跟几个同事去酒馆喝酒了，真是一醉解千愁！

作者：我对这种休息方式不敢恭维。

读者：为什么？

作者：孤独对健康有害，而交往则益于健康，与若干好友推心置腹地聊天的确不错。不过，你们聊天时有没有说公司及管理者的坏话？

读者：好像说了。

作者：虽然很多人觉得口出恶言能缓解压力，实则完全相反。我在前文中也曾介绍过，口出恶言会降低免疫力，增加各种疾病的患病风险。

读者：但是，发发牢骚确实让我感觉轻松了不少。

作者：恶言属于一种依赖症，口出恶言会刺激多巴胺分泌，让人处于兴奋状态，所以会禁不住将恶言再次说出口。然而，恶言不仅刺激多巴胺分泌，还会刺激压力激素——皮质醇分泌，由此严重影响大脑及身体健康。闲聊益于健康，说些无伤大雅的笑话也是一种放松。大家都知道笑可以激活大脑、延年益寿。

读者：另外，我喜欢在工作间隙浏览短视频，这利于转换心情吗？

作者：如果在休息时继续浏览智能手机、使用电脑，则无法让眼睛、大脑得到充分休息。你的做法适得其反，因为"用眼＝耗脑"。此时，应放下智能手机，闭目养神，也可进行正念训练。另外，休息时还可以进行运动，在感到身心疲惫、精力耗尽时，可以散步或进行拉伸运动。我一般会在撰稿间隙散步10分钟左右，这是非常有效的放松方式，经常让我收获很多好的灵感。而且，欣赏自然风景或置身于大自然中能显著降低压力激素水平。

读者：像我们这种住在东京市中心的人，很少有时间去郊外。

作者：散步不必非去郊外的山林，即使去街边的公园也能有效缓解压力。有研究证明，选择能看见窗外风景的病房有助于患者恢复，缩短患者的住院时间，注射镇静剂的次数也相应减少。

读者：原来如此，去附近公园散步不算什么难事呀。

作者：另外，对自我的审视与认识也非常重要。

读者：我想要更好地了解自己，具体应该怎么做呢？

作者：我将其称为"自我洞察力"，这是保持健康的一项重要能力。我遇到过很多患者，他们希望在自身情况恶化之前接受诊治。及时发现自身的细微变化对于病情治疗会起到极其显著的辅助效果。所以，我们可以通过早上冥想及晚上记日记来锻炼自身的洞察力。

读者：我一直都认为自己的生活方式十分健康，原来还有这么多自己不了解甚至误解的事。经过桦泽医生的指点，我今后会更加关注自身健康。唯有如此，工作、人生才会更加充实。为了帮助我更好地开启全新的健康生活，请您最后再给我一些宝贵建议吧。

作者：我已经讲了很多，不过，最后我想强调的一点就是"笃信、坚持"。也许有人认为这种思想类似唯心论，实则不然。相信会产生安慰剂效应，具体指给患者服用并无治疗成分的药物，通过让患者相信其中含有治疗成分而使病情得到治愈，据说约三分之二的抗抑郁药都属于此类药物。所以，我希望各位能充分相信本书中介绍的保健方法，并坚信自己能从中受益。坚持践行书中内容会给身心带来巨大变化。当我们真切感受到自身变化时，会进一步提升持久力，最终养成健康的生活习惯。

读者：您说得真好，我将把这一观点作为今后的座右铭！

## 小 结

☑ 口出恶言会降低免疫力，增加各种疾病的患病风险。

☑ 多与推心置腹的朋友一起闲聊、笑谈。

☑ 笑能健脑增寿。

☑ 休息时应休息双眼及大脑，或运动、置身大自然。

☑ 重要的是"笃信、坚持"。

## 最佳保健法——提升自我洞察力

调整生活习惯是最有效的保健方法，除此之外，还有提升自我洞察力，虽然此方法在绝大部分保健类图书中并未被提及，但我却认为它是保持自身健康的一项重要能力。每当我询问患者"为何将病情延误至此"时，经常能听到的回答就是"没想到会如此严重"。无论是精神疾病还是身体疾病在发病半年或一年之前都会有所征兆，只不过大部分人并未在意，以致病情加重。根据我的诊疗经验，此类患者人数占比达八成，而能在患病初期及时到医院就诊的患者仅有两成。

如果在稍感不适时就能做到早诊早治，即可在短期内治愈疾病。如能及时发现糖尿病、阿尔茨海默病等疾病的潜在病患，就能及时扼制病情发展。身患相同疾病时，自我洞察力较强的人更容易及时发现身体异常，而自我洞察力较弱的人则会耽误治疗时机，以致病情久治不愈。可见，两者愈后存在天壤之别。

那么，如何提升自我洞察力呢？

（1）清晨冥想

每天用1分钟思考一下自己身心的健康情况。

我每天早上睁开眼睛之后，总要对当日的醒时情况、身体状况、睡眠状况及情绪进行自查。如果早上状态较好则说明身体很健康；反之则说明身体倦怠、尚存疲劳感，属于不健康的表现。

通过早上1分钟的冥想与身心真诚"对话"，进行有效自查。

（2）写日记

提升自我洞察力的最简单、有效的方法就是写日记。利用睡前15分钟进行自我审视，在写下三行"正能量日记"的基础上，记录当日的身体状况及情绪变化。可以说，坚持记日记利于及时发现身体的异常变化。

书写是对自我身心健康状况的一种输出，以此可以锻炼自我洞察力，以便及时发现身体出现的各种小问题。

**自我洞察力的强弱之别**

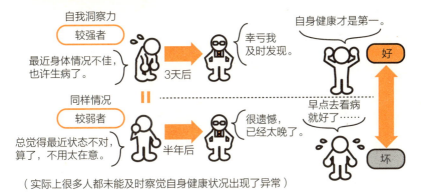

（实际上很多人都未能及时察觉自身健康状况出现了异常）

 今天感觉如何？通过输出进行自我管理吧。

## 孤独有害健康

孤独减寿，而与人交往则会增寿。现在在日本，单人家庭占比达36%（2020年），即每3个家庭中就有1个属于单人家庭。如果该比例持续增加，到2040年时单人家庭所占比例将达到40%左右。由此，因单人家庭、单身生活而引发的孤独问题也日趋严重。

据哈佛大学的研究显示：社交孤立者与社交广泛者相比，男性和女性死亡率分别升高2.3倍和2.8倍。另外，美国杨百翰大学的"148研究项目"对30万人以上的数据进行了分析，其结果显示：社交广泛者比社交缺乏者的早期死亡率降低50%。

孤独对健康的危害可与吸烟（一天15支）相提并论，而且是酗酒（酒精依赖症）的2倍，是运动不足及肥胖的3倍。孤独者与非孤独者相比，死亡率升高1.3~2.8倍、心脏病患病风险升高1.3倍、阿尔茨海默病患病风险升高2.1倍、认知机能衰退速度提高20%。而且，孤独还会给精神层面带来严重影响，使抑郁症患病风险升高2.7倍，导致自杀意愿增强3.9倍。长期的慢性孤独会增加压力激素——皮质醇的分泌，由此增加血管阻力。另外，孤独还会激活诱发炎症的基因、提升炎症水平、弱化免疫系统、降低人体对传染病的免疫力。可见，除了精神方面的影响，孤独还会造成激素、免疫力及基因水平异常，可谓全面侵蚀着我们的身心健康。

## 如何应对孤独

（1）加强家人之间的交流

如果家人之间疏于交流也会让我们产生孤独感，进而影响健康。所以，家人之间应充分沟通，使彼此的关系更加亲密。

（2）结交朋友

据日本内阁府的调查显示，每4个老年人中就有1人身边没有朋友。另有研究显示，在60岁以上的老年人中，每个月与朋友接触次数在5次以上的人比达不到该次数的人，死亡率低约17%。

可见，我们应积极结交朋友并与之交往。具体而言，应积极参加各种兴趣小组或社会团体。有些老年人不愿外出，其实外出也是非常好的运动。如果学会跳舞或门球等则可实现"运动+交流"的双重目标。

（3）面对面交流

在一项调查老年人孤独情况与抑郁症预防的研究中显示，面对面交流具有一定预防疾病的效果，而电子邮件、短信等社交软件（SNS）则无此效果。虽然社交软件在交流层面的效果聊胜于无，但在消除孤独感借以预防抑郁症等方面则毫无帮助。如果每周能与他人进行1～2次面对面交流，会非常有助于缓解孤独感。

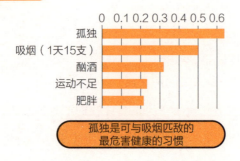

孤独对寿命的影响

（资料来源：杨百翰大学的研究）

 请即刻联系久违的朋友吧。

## 交往益于健康

孤独的反面是交往。我们不应该刻意回避孤独，而应该加深与他人的交往及互助。近年研究发现，友善、助人对健康十分有益。其原因在于交往、交流能刺激松果体[①]分泌催产素。催产素又被称为"爱的化学物质"，在其分泌时人们会感受到爱与被爱。催产素还具有修复细胞、增强免疫力等作

---

[①] 依托大脑百会穴之下，双眉之间，印堂之后深处，是人体生物钟的调控中心，可以分泌褪黑素。——编者注

用。毫不夸张地说，催产素是治愈疾病的良药及长寿妙药。

## 如何刺激催产素分泌

（1）肌肤相亲

最简单且最有效刺激催产素分泌的方法就是肌肤相亲。除了性行为、拥抱等夫妻间的肌肤之亲外，拥抱孩子等亲子行为也能刺激催产素分泌。

### 催产素的灵效

| 灵效 | 具体效果 |
| --- | --- |
| 爱情激素 | · "被爱感""被治愈感""安宁感"<br>· 增加爱情、激发母性<br>· 加强组织协调性 |
| 身体健康 | · 放松（血压和心率下降）<br>· 免疫力提高、修复细胞增加、自然治愈力增强<br>· 缓解疼痛、降低心脏病患病风险 |
| 心理健康 | · 消解压力（皮质醇分泌减少）<br>· 减少不安（抑制小脑扁桃体兴奋）<br>· 放松身心（活跃副交感神经）、血清素分泌增加 |
| 激活大脑 | · 提高记忆力、提高学习能力、增加好奇心 |

（2）亲近宠物

养宠物也不失为一种不错的选择。抚摸猫、狗能促进饲养者及宠物的催产素分泌。

（3）结交朋友

即便没有肌肤接触，与人进行谈话、交流，构筑精神上的信赖关系及目光接触均可刺激催产素分泌。我们应该重视朋友间的友谊，另外，还可以加入某个小组或社会团体。总之，积极参与社会活动对维护自身健康十分有益。

（4）友善助人

当你友善待人或参加志愿者活动及公益活动时会刺激催产素分泌。人与人之间的友善、信赖关系会利于大家健康长寿，这是多么神奇的保健法啊！

**如何刺激催产素分泌**

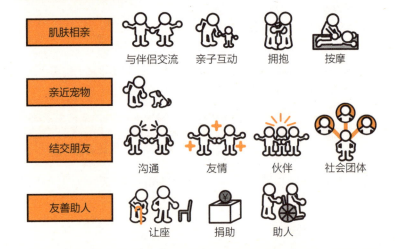

友善不仅能温暖他人也益于自己的身心健康。

## 负能量语言伤脑减寿

很多人认为发牢骚、说怪话能缓解压力，殊不知其效果完全相反。口出恶言会增加压力、损伤大脑、缩短寿命。

东芬兰大学的研究显示，经常对社会及他人进行讽刺及批评的人罹患阿尔茨海默病的风险会升高3倍、死亡率升高1.4倍。可见，人的批判倾向越高死亡率越高。另外，口出恶言会刺激压力激素——皮质醇分泌。正如前文所述，皮质醇水平长期处于高位会降低人的免疫力，最终导致患上各种疾病。由于皮质醇是在人感到压力时分泌的激素，所以口出恶言不仅不能缓解压力，还会进一步增加压力。

那么，为何说他人坏话会增加自身压力呢？这是因为人的旧脑[①]无法理解一句坏话的主语。海马区、小脑扁桃体、丘脑下部等大脑边缘系统控制人的记忆、情绪，也是压力反应中枢，而鱼类及两栖类动物的脑中也存在该区域，根据进化学观点将其称为"旧脑"。由于旧脑不能理解每句话的主语，需要从新脑[②]传输的信息中提炼出主语。所以，向大脑压力系统传输恶言类信息时，旧脑无法识别一句坏话的主语是什么，而大脑则将其判定为对自己的恶评，于是引起小脑扁桃体兴奋并产

---

① 大脑的边缘系统。——编者注
② 大脑皮层。——编者注

生更大压力，最终刺激皮质醇分泌。有时，我们突然听到身后有人叫骂时，不由地心头一惊。虽然明知叫骂的对象并非自己，也无法抑制心中的惊惧感，其原因正在于此。

日本脑科学家中野信子认为口出恶言也是一种依赖症。它之所以能让人产生瞬间的愉悦感是因为恶言刺激了多巴胺分泌，而多巴胺是与快乐、幸福情绪相关的"幸福物质"。正因如此，大脑需要分泌多巴胺时，人就会不由自主地口出恶言。此种倾向与酒精依赖症、药物依赖症的脑科学机制完全相同，可将其称为"恶言依赖症"。然而，此种依赖症不仅刺激多巴胺分泌，还会增加皮质醇的分泌水平，并逐渐侵蚀大脑与身体。如果你希望获得健康长寿，切莫口出恶言。

**口出恶言的弊端**

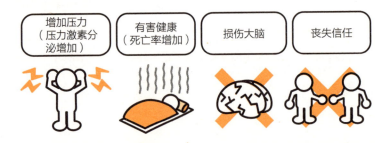

| 增加压力（压力激素分泌增加） | 有害健康（死亡率增加） | 损伤大脑 | 丧失信任 |

口出恶言属于依赖症，最好不说也不听。

## 笑既益脑又增寿

"爱笑的人运气不会太差"，这句话很符合脑科学原理。简言之，经常面带笑容的人会长寿，而经常满面愁容或怒容的人则会早亡。

美国韦恩州立大学进行了一项有趣的研究，通过对比棒球球星卡发现，笑容较少的运动员的平均寿命为73岁，而笑容满面的运动员的平均寿命可达80岁，可见笑容能使寿命延长7年。另外，日本山形大学以20000人的体检数据为基础，研究了笑容频率与死亡及患病风险之间的关系，其结果显示：很少笑的人与经常笑的人相比，其死亡率升高约2倍，而且他们脑卒中等心血管疾病的发病率也较高。其中的原因就在于笑能刺激多巴胺、内啡肽、血清素、催产素等益于身心健康的大脑物质分泌，同时抑制皮质醇这类压力激素分泌，进而有效缓解压力。笑的最终结果是增强免疫力、缓解疼痛、缓解各类疾病、加强记忆力、活跃大脑以及延年益寿。

## 笑容的奇效

| 奇效 | 具体效果 |
|------|---------|
| 保持身体健康 | · 延长寿命<br>· 降低患病风险<br>· 增强免疫力（激活NK细胞）<br>· 降低血压、缓解疼痛<br>· 抗衰老 |
| 保持心理健康 | · 缓解压力（皮质醇分泌减少）<br>· 放松（副交感神经活跃）<br>· 趋于积极性思维方式 |
| 激活大脑 | · 健脑（增强记忆力）<br>· 提高注意力和专注力<br>· 增加大脑血流量 |
| 提升人际关系 | · 提高第一印象、对对方的信任度<br>· 给予对方安心感<br>· 让对方露出笑容<br>· 受异性欢迎、事业顺利 |

只需露出笑容

获得幸福

刺激幸福物质分泌

多巴胺 ↑
内啡肽 ↑
血清素 ↑
催产素 ↑

　　笑除能促进实现健康、长寿的目标之外，还能提升人际关系、促进事业成功，并让你获得幸福。我们只需时时露出笑容就能收获上述效果，可以说笑是最简单有效的保健法，也是获得幸福的法宝。另外，即使心中不快而强装笑脸也可以获得上述效果。德国马格德堡大学的研究发现，仅是用嘴咬着筷子保持嘴角上扬就能激活多巴胺能神经。我们平时可以在镜子前练习微笑，坚持一段时间之后就能在日常生活中自然而然地露出笑容。

**练习微笑**

| 洗脸时微笑 | 问候时微笑 | 照镜子时微笑 |
|---|---|---|
| 边打扮边微笑 | "早上好!" | 在洗漱间练习 |

| 自拍时微笑 | 用餐时微笑 | 拉伸肌肉时微笑 |
|---|---|---|
| 试着自拍 | 同时聊天 | 吃力时微笑能激发力量 |

 对着镜子,嘴角上扬,练习微笑。

# "正能量日记"的功效

　　积极思维益于健康,保持积极思维习惯的人将长寿。有研究证明,能正确对待年龄问题的人比消极对待年龄问题的人的寿命长近8年。美国伊利诺伊大学的研究指出,性格乐观者的血压及血糖值、胆固醇值、BMI等均呈良好状态且吸烟率较低,罹患心脏病等循环系统疾病的风险也较低。乐观度最高的实验组的综合健康得分为普通人的2倍。另外,在日本以14万人为研究对象的大型研究中发现，具有积极思维习惯的男性实验组中的循环系统疾病、缺血性心肌病[①]、脑卒中的患病风险及死亡风险均呈较低水平。

由上可知，积极思维对健康极为有益。有的人认为"积极"（positive）一词显得过于空洞，从而怀有抵触心理。其实，自我启发领域中的"积极思维"与大众心理学领域中的"积极思维"之间存在显著差异。有一个关于鞋子销售员的故事，说的是一名鞋子销售员被外派非洲，当他来到非洲之后看到非洲人都在赤足行走，不禁愕然大惊。

如果你是那名销售员，会怎么想呢？

A："这里没有人穿鞋，所以肯定卖不出去！"

B："正因为这里没人穿鞋，才是卖鞋的绝佳机会！"

其中，A属于消极思维而B属于积极思维。能在严峻现实中抱有积极态度从而化危为机的做法正体现出了自我启发式的积极思维。

不过，这里也有其他选项。例如，询问对方初次见到鞋子时的感想、请他人试穿鞋子或干脆设法卖出几双，等等。总之，我们既不能轻言放弃也无须勉强为之，应抛弃先入为主的观念，摆脱情绪对自身判断力的影响。通过搜集各种信息、

---

① 是冠心病的一种特殊类型或晚期阶段。——编者注

数据全面分析现状，冷静地做出判断之后再行动。唯有在客观、理性的前提下寻求发展可能才是真正的心理学意义上的积极思维。具有此种思维模式的人即使陷入困境也不会时喜时忧，他们很难受到压力的影响。他们的心理极具韧性，能最终达成健康长寿的目标。

我建议各位将3行"正能量日记"作为锻炼积极思维的方法。具体而言，就是每晚在睡前15分钟记录3件当日快乐之事。写完日记之后，可以一边回想所写内容一边怀着愉悦的心情入睡。坚持1个月后，你会切身感受到效果。

## 三行"正能量日记"的记录方法

**具体写法：**
- 在睡前 15 分钟记录当天 3 件愉快的事。
- 即使绞尽脑汁也需保证事件个数不少于 3 个。
- 用一行文字记录每件事即可，养成习惯后再逐渐增加文字量。
- 不写消极的事。
- 可手写也可在电子产品中（如智能手机）录入。
- 一边回想所写之事，一边怀着愉悦的心情入睡。
- 养成习惯后增加文字量能使效果翻倍。

**具体案例：** 小事即可！
- 白天去了一家新开的拉面馆用餐，食物味道很不错。
- 我提交的企划书得到了上司的肯定，非常高兴。
- 今天下班很早，去健身房流了一身汗。

每日记录 3 件让自己高兴的事就能收获健康。

## 大脑的绝佳休息方式——正念

最近，正念广受人们关注。所谓正念就是关注自己此时此地的感受及体验，如实接纳所有的现实。正念属于冥想的一种形式，作为一种新兴的减压法被广泛推广于其他国家的商务场所、医疗机构及教育机构等。

冥想及正念都是当今极为有效的减压法。实际上，正念具有降低压力激素、活跃副交感神经、降低血压、放松身心等效果。另外，正念还能提升人的情绪控制力、增加压力耐受性、促进积极思维，同时减轻攻击性并弱化发怒、焦虑情绪。而且，正念在提高睡眠质量、治疗及预防抑郁症、焦虑症及依赖症方面的效果也值得我们期待，它在激活大脑额叶及血清素神经、促进催产素分泌等精神治愈方面也极具功效。同时，正念在增强免疫力、抑制炎症发生、缓解疼痛等身体治疗方面的效果也令我们期待。另外，正念还能提升专注力、注意力、工作记忆及工作效率，因此被美国的谷歌（Google）及脸书（Facebook，现已改名为"Meta"）等大公司争相引入企业。

练习正念能让我们抛弃先入为主的观念，客观、全面地看待事物，是培养自我洞察力及中立视角的绝佳方式。大脑中存在默认模式网络（Default Mode Network，DMN），即大脑的待机状态。即使什么也不做，大脑也处于活跃状态，此时

DMN会消耗大脑总能量的60%~80%。正念会减少外界带给大脑的刺激，通过专注于此时此地让DMN得到休息。所以，正念是大脑最佳的休息与放松方式。

　　这里，介绍一下最简单的正念训练——呼吸冥想。仅需1分钟便可让我们的心情变轻松，在工作休息时练习能有效调整心情。关于冥想、正念的练习方法有很多，不同的教练会教授不同的方法，请各位根据自身情况进行有针对性的练习。另外，油管网上也能检索到正念训练的相关视频，如果你想认真练习也可以请教专家。

### 最简单的正念练习（呼吸冥想）

（1）挺胸而坐（坐在椅子上或盘腿坐在地上），使头顶、后背、尾椎处于一条直线。

（2）微阖双眼。

（3）将意识专注于"此时此地"。

（4）缓慢吸气。

（5）缓慢呼气（用胸式呼吸或腹式呼吸均可）。

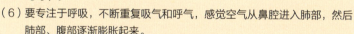

专注于"此时此地"　　任杂念流转

有意识地呼吸　　端正坐姿

（6）要专注于呼吸，不断重复吸气和呼气，感觉空气从鼻腔进入肺部，然后肺部、腹部逐渐膨胀起来。

（7）任杂念流转，不可强行打消杂念，默念着"放松"，再次专注于呼吸。

（8）从1分钟开始练习，之后逐渐将时间延长至3～5分钟、10～15分钟。

（9）让意识一点点回归自我，练习结束。

暂且将书放在一边，闭上眼睛练习一下。

## 最轻松的减压法

这里介绍一种最简单易行的减压法，即欣赏自然风景或者在自然环境中散步。根据日本千叶大学的研究，在森林中漫步可使压力激素减少16%，使交感神经活动降低4%，使血压降低1.9%，心率降低4%，还具有改善心情、减少不安等心理层面的效果。另外，在日本医科大学的一项研究中，研究人员将东京的数位商务人士带往森林，让他们进行3天、每天2~4小时的徒步，其结果显示：实验对象的NK免疫细胞增加40%，且在1个月后依然维持增加15%的状态。芬兰的研究发现，人在1个月内只需在自然中度过5小时以上便能大幅减轻压力、激活大脑，同时提升记忆力、创造力、专注力，而且还能有效预防抑郁症。还有研究指出，选择从窗边能望见绿色的病房能加快患者病情的恢复，缩短患者的住院天数，同时对其注射镇静剂的次数也相应减少。

对于身处城市的人们而言，"置身自然"显得有些遥不可及，其实我们不必大费周章亦可亲近自然。芬兰国家自然资源研究所曾进行一项研究，让在办公室工作的商务人士去市中心、街边公园及森林公园散步，然后调查他们身心的变化状况，其结果显示：去街边公园散步也能获得与去森林公园散步极为相近的效果。由此可知，每天去公园散步30分钟，让自己置身于蓝天绿树中便能充分治愈心灵、缓解压力。

　　如果你是繁忙的商务人士，可在午休时去公司附近的公园吃一顿"晴空午餐"，以缓解压力、激活大脑。只需坐在那里享受满眼绿意便可让压力顿消，如此简单的减压法实乃独一无二。另外，外出吃午餐时可选择露天餐厅或者能看见绿树的靠窗座位，如此便能更好地休息与放松。

　　我每周都会去两三次咖啡馆，我最喜欢坐在正对面能看到林荫树的座位上。看着苍翠绿荫用餐真是莫大的享受，让我充分调整了心情，利于午后更好地工作。

**最简单的减压法**

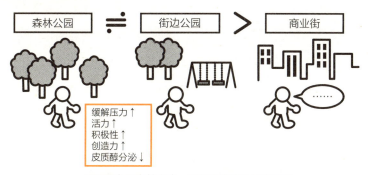

只需置身于自然之中，即便是街边公园也可以。

不必大费周章，只需找到自己中意的公园即可。

## 不可取的三种休息方式

良好的休息方式对于保持专注力、提高工作效率而言不可或缺。德国康斯坦茨大学的研究显示，工作之后的过度疲劳无法通过回家休息得以消除。因此，为了不让疲劳延伸至翌日，我们需要在工作过程中高效率地进行休息。

那么，什么休息方式最有效呢？在此之前，首先介绍三种不可取的休息方式。

（1）使用智能手机

几乎所有人都习惯在休息时立刻拿出智能手机浏览各种留言、新闻或者玩电子游戏。毫不夸张地说，大多数人的休息方式就是玩智能手机。然而，休息时看智能手机是错误的休息方式。因为大脑对视觉信息的处理会占用其80%的资源，用眼就等于耗脑。从事创作工作的人需要长时间使用电脑，用眼时间较长，所以在休息时必须让眼睛与大脑得到充分休息，才能消除疲劳。

（2）久坐

久坐对健康极为不利，同时还会降低大脑活力，正如前文所述的"久坐1小时，平均寿命将缩短22分钟"。有研究显示，站立即可激活额叶，提升专注力与记忆力。所以，我们在休息时应尽量站立或步行。

（3）累时才休息

有人习惯在工作进展顺利时不眠不休地连续工作，此种做法并无益处。美国贝勒大学针对人们的休息频率与休息后的情绪变化进行了调查研究，其结果显示：早上的休息效果好于下午，频繁的短时休息效果更佳，当休息次数较少时，如不进行一次长时休息则无法消除疲劳。由此可知，我们在感到疲乏之前应适时进行短时休息，这才是较为有效的休息方式。

**不可取三种休息方式**

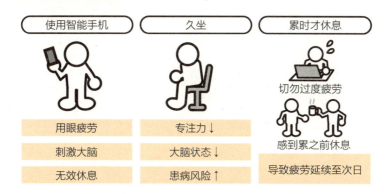

| 使用智能手机 | 久坐 | 累时才休息 |
|---|---|---|
| 用眼疲劳 | 专注力↓ | 切勿过度疲劳 |
| 刺激大脑 | 大脑状态↓ | 感到累之前休息 |
| 无效休息 | 患病风险↑ | 导致疲劳延续至次日 |

另有调查显示，在工作中不休息的人多达41.1%，且休息频率少于2小时一次的人多达83.5%。可见，进行有效休息的人不过10%左右，其余9成人均采取了低效且错误的休息方式。

**正确的休息方式**

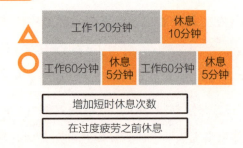

 如果工作时想确保专注，就应该在感到疲劳前适时休息。

## 三种有效的休息方式

（1）运动

提起最有效的休息方式，非运动莫属。每当我在撰稿时感到思路枯竭时，都会选择散步。散步10分钟便能使精力得到充分恢复，同时也让我获得很多好的灵感。对于无暇散步的商务人士而言，应该设法增加自己的运动机会。

①伸展运动

伸展运动具体包括向上、向前伸展双臂，双臂绕肩等简单的动作，这些动作在提振状态方面极具效果。需要长时间对着电脑的工作会导致我们肩颈酸痛，所以时常活动肩颈肌肉十分有必要。如此一来，休息后的工作效率也会得到提升。虽然伸展运动可以坐着进行，不过站立练习的效果更好。

②爬楼梯

爬楼梯占用的时间虽短，但运动量却很大，我们平时在公司内移动时可以放弃直梯或扶梯而改为爬楼梯。爬楼梯能提升自身专注力，进而提高主观能动性。

③适时步行

休息时切勿久坐，我们可以步行去自动贩卖机买罐饮料或者步行去休息区休息，总之适时步行能实现心情转换。

（2）让眼睛和大脑休息

好的休息方式就是让眼睛和大脑获得充分休息，即让大脑暂时"关机"，处于什么也不做的发呆状态。也许多数人认为发呆是浪费时间，其实这对大脑却是最佳的休息方式，利于恢复专注力、提振之后的工作状态，也就相当于提升了整体效率。有人习惯累时趴在桌子上休息，这种做法也可行。仅闭目休息几分钟就能获得类似小睡的休息效果。另外，闭目冥想、闭目正念都是十分不错的选择。

（3）交流闲谈

让大脑用于处理非工作性事务就等同于让工作的大脑神经得到休息。以创作工作为主的人对大脑语言神经的耗损过大，可以通过交流激活情绪神经。加拿大多伦多大学的研究指出，上司试图通过午休闲谈提升自身领导力或者强迫下属与自己交谈的行为会增加下属在下班后的疲劳程度。即在闲谈中涉及较多的工作内容或者刻意改善人际关系的做法往往适得其反。

最有效的休息方式就是关闭工作模式，说一些无关紧要的闲话、笑话，比如与知心朋友聊一些有趣的话题就能让自己得到很好的休息。

**有效的三种休息方式**

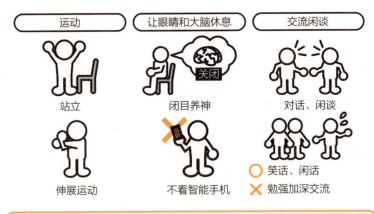

让我们放下智能手机，起身与朋友聊天吧。

# 为社会做贡献益于身心健康

很多人希望在退休后悠闲度日，然而健康长寿的秘诀其实是不退休。美国一项以长寿者为对象的研究显示，他们的共同点是仍在工作或是不久前仍在工作。与仍在工作的同龄人相比，退休者的心血管疾病及抑郁症患病风险升高40%，阿尔茨海默病患病风险升高15%，糖尿病、癌症、脑卒中、关节炎等疾病患病风险也均有所上升。综合来看，退休者的健康风险升高21%，死亡率升高11%。另有研究指出，延迟5年退休可使死亡率降低10%。

很多人认为工作会给自己带来压力，其实对于人们而言，适度的压力与紧张感是十分有必要的。而且，很多退休者都会出现运动不足的情况。当人们与他人接触的频率、对话次数及交流次数减少时，对大脑的刺激也会降低。有研究指出，退休者的记忆力会降低25%，而阿尔茨海默病的患病风险则显著升高，60岁之后仍在工作的人罹患阿尔茨海默病的风险会逐年降低3.2%。可见，终生工作对于预防阿尔茨海默病具有非常积极的作用。工作者怀着为社会做出贡献的信念，而退休者则认为自己一无所长，因此后者的抑郁症患病风险会升高40%。

（1）半退休

即使从单位退休也应继续从事一些工作。当然，老年人不必选择每天上下班的工作模式，可以选择合适的时间做兼职。通过每月数次的上班实现老有所为，同时也为社会贡献自己的绵薄之力。

（2）做副业

不退休并不意味着每天仍要去公司上班。即便有些工作收入不多，但是能获得收入是非常重要的，因为赚钱就等同于对社会做出了贡献。

（3）服务社会

对于已退休的人士而言，参加一些志愿活动非常重要，即提高自己的社会参与度。例如，参与街道工作、担任体育比赛的裁判或教练以及担任兴趣小组的讲师等。这些工作不必刻意长久坚持，其意义在于保持与社会的联系。而且，工作带来的使命感与责任感也会给他们造成适度紧张，这对他们的身心极为有益。

**保持与社会的联系**

| 半退休 | 做副业 | 服务社会 |
| --- | --- | --- |
| 自信、满足、充实 | 老有所用 | 参与社会 |
| 预防运动不足 | 参与社会活动 | 获得认同 |
| 紧张感→预防阿尔茨海默病 | 确保经济保障 | 紧张感→预防阿尔茨海默病 |

> 长久、适度地保持与社会的联系。

## 一天治好感冒

你容易感冒吗？在最近20多年中，我没有一次因感冒发热而请假休息，就连流行性感冒也没有得过，其原因在于我掌握了一天治好感冒的方法。虽然这种民间疗法缺乏科学依据及论证，但实践起来却极为有效。迄今为止，我已经数次尝试这种方法且屡试不爽。当然该方法只是人们的经验之谈，仅供大家参考。

关于该方法的具体内容，我已在我的油管网频道上的"一天治好感冒"视频中进行了详细介绍，其播放量高达30万次，就连我的朋友们也对此非常认同。只需有3枚"暖宝宝①"就可以尝试该法，其成本很低，因此你就当作上了一次小当也无妨。下面我将介绍具体方法。

_____

① 一种暖贴，通过化学反应产生热量。——编者注

## 如何治疗感冒

【方法】

首先准备3枚"暖宝宝"及手巾（或毛巾）。将第一枚"暖宝宝"贴在风门穴上，该穴位位于左右肩胛骨之间，将"暖宝宝"贴在贴身衣服上，使其恰好覆盖风门穴。将第二枚"暖宝宝"贴在胸前，即贴在贴身衣服的胸口处。将第三枚"暖宝宝"贴在颈部，首先将"暖宝宝"贴在手巾（或毛巾）中部，然后如同戴围巾一样将其围在颈部，并使"暖宝宝"位于后颈部（大椎穴）。然后，在保证当晚睡眠质量的同时，使睡眠时间不少于7小时。

如果手边仅有一枚"暖宝宝"，可在白天或工作时选择贴在上述第一种贴的位置上。

【注意事项】

切勿让"暖宝宝"直接接触皮肤，如果肌肤敏感或贴身衣服较薄，让"暖宝宝"长时间靠近皮肤容易造成低温烫伤，请多加注意。另外，心脏状况不佳者及高血压病人切勿将"暖宝宝"贴于心脏上方，即属于这两种情况的人切勿选择上述第二种贴的位置。

【操作要点】

该方法适用于感冒初期。感冒初期的症状包括背部发凉、流鼻涕、咳嗽以及身体略感疲倦。如果怀疑自己得了感冒，就请立即贴上"暖宝宝"。在普通感冒或流行性感冒流行的季节，我经常随身携带一枚"暖宝宝"以备不时之需。当然，在感冒症状较严重时此法依然有效，只是很难在一天之内彻底治愈。

将"暖宝宝"贴于以下三处

②胸前

③大椎穴（第7颈椎棘突下凹陷中）

①风门穴（后背上部，左右肩胛骨之间）

【治病机理】

一般认为，风门穴为"风所出入之门"，施以热灸可防止风邪侵入体内。大椎穴位于第7颈椎棘突下凹陷中，简单来说，就是低头时后颈部骨节处，该穴位是人体阳气最盛的地方，温热此处即可温暖全身，第三枚"暖宝宝"的目的是温暖颈部至全身。感冒属于上呼吸道感染，是由口鼻进入的病毒在咽部增殖而引发的。由于感冒病毒不耐热，遇到高温时其致病性就会减弱，所以人体在严重感冒时发热是一种对病毒的防御反应。而且，体温上升能促进人体增强免疫力，因此温热颈部能防止病毒增殖、增强免疫力，从而有效击溃病毒。以前，人们经常用温热全身让自己大量出汗的方法治疗感冒，不过，我亲自实践后发现这种方法会影响睡眠质量。治疗感冒的目的是提高免疫力，所以酣然入睡极为重要。体温不下降就无法酣然入睡，因此我们无须温热全身而只需温热颈部即可，从而保证深度睡眠（上述仅为作者个人观点，并无科学依据）。

【补充事项】

睡前服用葛根汤①及维生素C、维生素E也可预防感冒。当然，此方法并不能保证一定有效，不过，适当服用一些也未尝不可。

## 如何预防感冒

为有效预防感冒，我们平时应做到以下几点。

（1）勤洗手、戴口罩、常漱口

自新冠肺炎疫情暴发以来，很多人都知道了洗手对于预防病毒传播的重要性。由于病毒喜欢低温干燥的环境，当室外空气极为寒冷时，人在不佩戴口罩的情况下其咽部温度会下降近5℃，因此，戴口罩十分重要。

---

① 中医方剂名，具有发汗解表，升津舒筋之功效。——编者注

（2）睡眠

很多易患感冒的人都是睡眠不足者，人在睡眠不足时患感冒的风险是睡眠充足时的5.2倍。

（3）戴围巾

戴围巾能有效预防感冒。我们切不可让颈部受凉，即不要让大椎穴受凉。所以，秋冬时节必须戴上围巾。

**如何预防感冒**

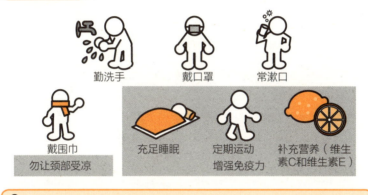

勤洗手　　戴口罩　　常漱口

戴围巾　　充足睡眠　定期运动　补充营养（维生素C和维生素E）
勿让颈部受凉　　　　增强免疫力

 击退感冒让疾病无可乘之机。

# 结语

　　自拙作《输出大全》《输入大全》成为畅销书以来，很多人都向我请教撰写畅销书的秘诀。其实，该秘诀就是充分调整好身心状态。

　　生活中有很多人耗尽心力却事倍功半，就像5年前的我一样。当时，我将全部精力投入到撰稿、在网络上发布信息及筹办讲座等事务中，然而实际收获却不及努力程度的一半。于是，我开始重新审视自己的工作方式及生活习惯，并尽可能地一一改善。我将运动次数从每周1次增至每周2～3次，参加聚会时保证在电车末班车前回家，绝不熬夜，保证每天7小时以上的睡眠时间。我开始学习传统武术以锻炼身姿及深层肌肉，同时开始重新认识自我。

　　本书内容可以说正是我自身经验的总结。我切实感受到调整身心状态对提升大脑活力的促进作用，它让我灵感迸发、专注力高度集中，能高效率且高质量地完成工作。与5年前的自己相比，我的整体状态提升了4倍。我在控制情绪方面也更加游刃有余，很少出现焦虑及发怒的情况，精神上更充实，经常微笑待人，人际关系更加顺利。

本书凝聚了我近30年的从医经验，汇集了相关专业知识，同时囊括了数百本相关著作及海量专业论文中的精华，其核心目的就是降低人们罹患精神疾病及自杀的风险。

人们在所有年纪都可以拥有超乎寻常的好状态，度过属于自己的精彩人生。当然，其大前提就是调整好身心状态。践行本书内容能让你的精力及体力更加充实、身心更加健康，从而获得最佳状态。如果你能将本书视为健康读本，将是我作为精神科医生的至上荣幸。

桦泽紫苑

# 参考文献

### 前言

『絶対にミスをしない人の脳の習慣』（樺沢紫苑著、SBクリエイティブ、2017年）

### 第一章

『スタンフォード式　最高の睡眠』（西野精治著、サンマーク出版、2017年）

『睡眠障害　現代の国民病を科学の力で克服する』（西野精治著、KADOKAWA、2020年）

『SLEEP　最高の脳と身体をつくる睡眠の技術』（ショーン・スティーブンソン著、花塚恵訳、ダイヤモンド社、2017年）

『睡眠こそ最強の解決策である』（マシュー・ウォーカー著、桜田直美訳、SBクリエイティブ、2018年）

『8時間睡眠のウソ。日本人の眠り、8つの新常識』（三島和夫、川端裕人著、集英社、2017年）

『ブレイン・ルール』（ジョン・メディナ著、小野木

明恵訳、日本放送出版協会、2009年）

『日常生活の中におけるカフェイン摂取—作用機序と安全性評価—』栗原久　東京福祉大学・大学院紀要第6巻 第2号 pp109–125（2016，3）

『睡眠と健康—交替勤務者の睡眠習慣の課題—』高田真澄

『日本衛生学雑誌』（Jpn. J. Hyg.），73，22–26（2018）

第二章

『脳を鍛えるには運動しかない！ 最新科学でわかった脳細胞の増やし方』（ジョンJ．レイティ、エリック・ヘイガーマン著、野中香方子訳、NHK出版、2009年）

『GO WILD 野生の体を取り戻せ！　科学が教えるトレイルラン、低炭水化物食、マインドフルネス』（ジョンJ.レイティ、リチャード・マニング著、野中香方子訳、NHK出版、2014年）

『超筋トレが最強のソリューションである　筋肉が人生を変える超科学的な理由』（Testosterone、久保孝史著、文響社、2018年）

『ブレイン・ルール　健康な脳が最強の資産である』

（ジョン・メディナ著、野中香方子訳、東洋経済新報社、2020年）

『運動は心に効くか』村上宣寛、心理学ワールド、53号、2011年4月号、25–26

第三章

『脳からストレスを消す技術』（有田秀穂著、サンマーク出版、2012年）

『朝の5分間 脳内セロトニン・トレーニング』（有田秀穂著、かんき出版、2005年）

『ハーバード医学教授が教える 健康の正解』（サンジブ・チョプラ、デビッド・フィッシャー著、櫻井祐子訳、ダイヤモンド社、2018年）

『脳を最適化すれば能力は2倍になる 仕事の精度と速度を脳科学的にあげる方法』（樺沢紫苑著、文響社、2016年）

第四章

『親切は脳に効く』（デイビッド・ハミルトン著、堀内久美子訳、サンマーク出版、2018年）

『レジリエンス入門：折れない心のつくり方』（内田

和俊著、筑摩書房、2016年）

『レジリエンス：人生の危機を乗り越えるための科学と10の処方箋』（スティーブン・M・サウスウィック、デニス・S・チャーニー著、西大輔・森下博文・森下愛訳、岩崎学術出版社、2015年）

『糖尿病診療ガイドライン2019』（日本糖尿病学会著・編集、南江堂、2019年）

『高血圧治療ガイドライン2019』（日本高血圧学会高血圧治療ガイドライン作成委員会編集、ライフサイエンス出版、2019年）

『世界一シンプルで科学的に証明された究極の食事』（津川友介著、東洋経済新報社、2018年）

『長生きできて、料理もおいしい! すごい塩』（白澤卓二著、あさ出版、2016年）

『名医が考えた! 免疫力をあげる最強の食事術』（白澤卓二監修、宝島社、2020年）

第五章

『書くだけで人生が変わる自己肯定感ノート』（中島輝著、SBクリエイティブ、2019年）

『NATURE FIX　自然が最高の脳をつくる　最新科学で

わかった創造性と幸福感の高め方』（フローレンス・ウィリアムズ著、栗木さつき、森嶋マリ訳、NHK出版、2017年）

『コミックエッセイ 脳はなんで気持ちいいことをやめられないの？ 』（中野信子著、アスコム、2014年）